MATLABではじめる
プログラミング教室
（改訂版）

奥野 貴俊・中島 弘史

【共著】

コロナ社

ま　え　が　き

　私が MATLAB† を最初に使ったのは，1995 年の春，大学の 4 年生になり卒論研究を始めたときにさかのぼる。恥ずかしながら，学部 3 年生までの授業で習得しておくべきプログラミング言語（Pascal，C）などは苦手でなんとか単位をもらったことを記憶している。とにかく単位を取ることだけに必死で，なんのためにプログラミングをやっているのかも定かではない，そんな時間を過ごしていた。1995 年と言えば，この本を手に取った読者はご存知ないかもしれないが，爆発的にパソコンが普及し始めるキッカケとなった Windows95 が発売され，それと同時にインターネットが各家庭に設置され始めた年として，インターネット元年として記憶されている。当時の大学のコンピュータ環境と言えば，インターネットへの接続は当たり前ではあったが，OS としては UNIX が基本であった。MATLAB も配属先の研究室では UNIX 環境にインストールされて利用されていたため，MATLAB を使うために UNIX も最低限のレベルで同時に扱えるようになる必要があった。担当教授が世界の研究者と交流を持ちながら，世界の研究現場の現状をよく把握されていたので，MATLAB には当たり前のように研究室にて触れることができたが，当時は日本ではまだまだ知られていないプログラミング言語であったように思う。

　修士課程のころ，海外の国際会議にて何度か発表する機会に恵まれ，海外の大学を見て回ったとき，必ずやっていたことは，その大学の書店を巡ることであった。自分の専門分野に近い書棚にいくと，必ず置いてあったのが MATLAB の関連書籍だった。自分にとっては専門分野の書籍よりも MATLAB の関連書籍はずっと身近で「この使い方は知っている，これは知らない」と頷きながら立ち読みをしたことをよく覚えている。あれから 20 年近く経ち，なんの因果かわからないが，現在母校の大学で新規に開講された MATLAB を学ぶ「計測制御プログラミング」という授業の非常勤講師を担当している。これは大学が 2015 年に大規模な MATLAB のライセンス契約を結んだことに端を発しているが，いまでも MATLAB が世界中で幅広く利用されていることが単純に嬉しく，またその実益が（教育的にも研究的にも）かなり大きいということを改めて感じている。

　MATLAB の最大の長所は，私が学生だったときから変わらないが，専門分野の詳しいことがわからなくても，なんとなく使ってみることができるという点にある。例えば，FFT という音響信号処理や画像処理の分野では当たり前に使う数値計算がたったの 1 行で「使えてしまう」のである。当時から例えば FFT の中身がわからないまま利用できてしまうことが問

---

†　MATLAB は Mathworks 社の登録商標です（本書では®は省略）。

題視されていた（いまもそのキライはある）が，私はこの点はむしろ非常にポジティブに捉えている。なぜなら，コンピュータを使うことに対してハードルが高いと，それ以上先にはなかなか踏み出せないからである。つまり「自分で考える」という最も大切で楽しい思考の時間にたどり着く前に挫折しがちであるからである。理工系では課題や問題に対して「やってみる」という，実践しようとする基本的態度がいつの時代でも大切で重要であると私は信じている。

　賛否両論はあるかもしれないが，私はこのとにかくどうなるかわからないが「やってみる」という態度に価値を置き，後の「自分で考える」ことの大切さと楽しさが多くの方に理解されるように，その価値をこの本の中心的な柱に据えようと思う。「とにかくやってみる」という境地から，「自分で考える」境地に至るまで，MATLAB は，頭の中のアイディアを具現化する際に非常に有益なツールとして皆さんをサポートしてくれることと思う。その最初のステップとしてこの本を選んで頂けたら，とても嬉しく思う。

2017 年 8 月　　　　　　　　　　　　　　　　著者を代表して　奥野貴俊

改訂にあたって

　MATLAB を含めたコンピュータ周辺の製品は，ご存知の通り，日々アップデートが行われている。本書も初版第 1 刷発行（2017 年）から約 8 年が経過し，GUI について解説した 12，13 章について，guide 環境から appdesigner 環境を用いたアプリケーション作成へと変更する必要性が出てきたため，本改訂を行うことになった（12，13 章は Mac 版（Apple Silicon）の R2024b で動作確認済）。一方で，本書が取り扱った多くの内容は，MATLAB の基本的な使い方，あるいは工学で基礎となるようなものであるため，まだまだ実行可能で，現役の参考書・教材として利用可能である。

　本書は初版から一貫して MATLAB の使い方を学ぶことで「プログラミングとはどういうものか」ということを知り，各読者の研究活動等において「手足のように使える道具にすること」を狙っている。本書を足掛かりとして，将来，新たな価値を生み出す人が増えてくれることを期待している。

2025 年 2 月　　　　　　　　　　　　　　　　著者を代表して　奥野貴俊

本書の特長
- 理工系大学に入って MATLAB を初めて使う方が慣れ親しむためのテキスト
- 大学の授業（半期）でも使用しやすい 13 テーマを収録
- 体験的な自学自習を可能とした解説と演習問題
- 音響信号処理の専門家が音を材料に楽しめるテーマを多数収録
- 高校数学と大学数学との橋渡し的な教材としても有用
- プログラミングに興味がある高校生でも自習可能

目　　　　次

1. まずは使ってみる
― 解の公式をプログラムしてみよう ―

2. ループと条件分岐ってなに？
― 電卓を越えたプログラム ―

3. サイン・コサインも思いのまま
― 自分だけのコマンド作成 ―

4. レポートや論文でも使えるグラフ表示
― plot のワザを習得！ ―

5. 2D から 3D へ
― おしゃれな 3D 曲面も描ける ―

6. MATLABへ入れたり出したり
— 地味だけど大切なデータのやり取り —

7. オーディオ&画像データもお手のもの？
— .wav や.jpg は特別扱い？ —

8. 理工系なら絶対に知っておきたいこと
— 最小二乗法を考える！ —

9. サイン波を音として聴く
― 周波数って？ シンセサイザの基本の音 ―

10. 時間と周波数の関係
― よく知らなくても使える FFT ―

11.　超簡単なノイズ低減＆リバーブ！
― じつは音響信号処理のキホン ―

12.　GUIってなに？
― 日常にあふれているアプリの中身を知る ―

13.　アプリをつくる側になってみる
― 結局 MATLAB って簡単だったね ―

1

まずは使ってみる
― 解の公式をプログラムしてみよう ―

この本を手に取って，これから MATLAB を始めようとしている方の中には，これまでほかのコンピュータ言語を使ったことがある方も多いでしょう。そういう方には，コンピュータ言語の習得は，とにかくいろいろ試して使い，エラーを出して失敗しながら習得していくものだ，ということに共感してもらえるのではないかと思います。

一方，初めて習得しようとするコンピュータ言語として MATLAB を選んだ方は，とてもラッキーかもしれません。なぜなら MATLAB はインタラクティブな言語として，とても成熟しているからです。インタラクティブとは，ここで最も適切な訳を辞書から探すと「対話式の」という意味になります。つまり，インタラクティブな言語とは「対話式の言語」ということになります。これは使っていくと実感することになると思いますが，簡単に言えば「大きな電卓」のようなものです。つまり 1＋1 を入力すれば，煩わしい構文などがなくとも，その場ですぐに 2 という答えが返ってくる，そういうことを意味しています。本章では，とにかく使ってみるということを中心に，最後には中学生が学ぶ二次方程式の解の公式をプログラムしてみます。

ゴール MATLAB で簡単な計算ができるようになり，エディタにコマンドを列記し実行できるようになる！

1.1　MATLAB を使ってみよう

ここでは MATLAB がすでにインストールされているという前提から始めていきます。インストールに関しては各 OS（オペレーティングシステム）ごとに異なりますので，付属の説明書を参考にしてください。また，本書で使用する MATLAB のバージョンは Mac 版の R2023a です。最新のバージョンではないものをお持ちの方も，使用に関しては問題ありません。また，Windows 版を利用している方もほぼ同様の画面となるはずですので，一緒に読み進めてください。

1.1.1　早速 MATLAB を立ち上げてみる

MATLAB を起動させると，**図 1.1** のような画面が表示されると思います。

最も重要なのは，真ん中の広く空いているウィンドウになります。このウィンドウのことを，**コマンドウィンドウ**と呼びます。このウィンドウがユーザーであるあなたと MATLAB

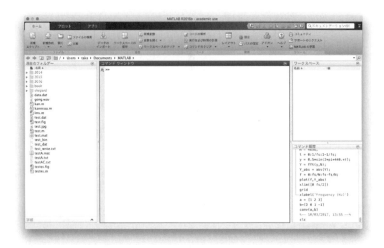

図1.1　MATLAB の起動直後の画面

がやり取りをするためのウィンドウになります。とにかく，いろいろとウンチクを言う前に
使ってみましょう。

　〔**1**〕　**1＋1を入力**　　このコマンドウィンドウには，つぎのような印があると思います。

```
>>
```

　この後に，1+1 を入力して，return もしくは enter を押してみましょう。どうなりました
か？　私のコマンドウィンドウでは，つぎのようになりました。同じようになりましたか？

```
>> 1 + 1

ans =

    2

>>
```

　まさにいま，電卓のような計算をしましたね。これが**インタラクティブ**な言語（対話式の
言語）のよいところです。直感に基づいて数字を入力し，その結果がその場で返ってくる。こ
のインタラクティブ性はまさに電卓のようなので，当たり前のように思うかもしれませんが，
この便利さは徐々にわかってもらえると思います。

　〔**2**〕　**コマンドプロンプト**　　また先ほどの印 **>>** は，コンピュータ用語として一般に**コ
マンドプロンプト**と呼ばれるものです。プロンプトという言葉は，英語では prompt と書き，
意味は「促すもの」です。つまりコンピュータの立場からは，ユーザーの入力を待っている状
態で，ユーザーに「なにかコマンドを入力してください」と促しているということです。　も

しこのコマンドプロンプトが表示されていない場合は，MATLAB がなんらかの計算を行っているか，ほかに問題があり，入力を受け付けていない状態にあるので注意が必要です。

〔3〕 出 力 引 数　　この計算結果が出る途中で表示された ans は，出力引数を決めずに計算した際に自動的に割り当てられた変数で，ans の中に計算結果の 2 が代入されています。プログラミング経験がない方は，出力引数? と思うことでしょう。これはつぎの例を計算することでわかると思います。

```
>> a = 1 + 2

a =

    3

>>
```

　この例では，1+2 を計算し，その結果を=を使い，変数 a に代入しました。そうすると，先ほど表示された ans が，a に変わりました。つまり，計算結果としての出力が a という変数に代入されたわけです。この a のことをコンピュータ用語で**出力引数**と呼びます。先ほどMATLAB が自動的に割り当てた ans も出力引数です。では，続けて以下を入力すると

```
>> b = 4;
>> c = a + b

c =

    7

>>
```

となりました。まず気がついたと思いますが，b=4; と入力したあと，これまでは b に入った値がつぎに表示されていましたが，ここではなにも表示されていません。それは行の最後に**セミコロン;**を追記したからです。MATLAB では，各行の最後にセミコロンを置くことで，その処理結果をコマンドウィンドウに表示しないようにすることができます。ゆくゆくは何百行ものプログラムを書き・実行した際に，すべての行の処理結果をコマンドウィンドウに表示していては煩わしいということは想像できますよね。ですので，今後は処理結果をいちいち確認する必要がないときは，行の最後にセミコロンを置くようにしましょう。

　続けて，c=a+b という処理を実行しました。ちなみに結果を確認するために，ここではセミコロンはつけませんでした。これまで入力してきた結果，a には 3 が代入されており，b には 4 が代入されている状態です。したがって，ここで c=a+b と文字だけの計算をすることで，c に 7 が代入されました。このように MATLAB では，値を与えた文字（つまり変数）だけ

の計算も可能です。むしろ，このように変数を使った計算が，MATLAB を利用していくうえで最も重要と言っても過言ではありません。このような計算は，単純な電卓ではできませんね。

　ここまで，コマンドウィンドウに数字を直接入力したり，文字を変数としてその変数に値を代入したりしてきました。このまま続けて，コマンドウィンドウに入力しながら計算していき，これまでに使用した変数も上書きしながら使い続けることは可能なのですが，MATLAB 上に残った変数すべてをキレイサッパリとするリセットコマンドがほしくなりませんか？ それはつぎのコマンドを入力すればできます。

```
>> clear
```

なんのヒネリもありませんが，この clear コマンドを使うとすべてがクリアされ，これまでに使用した変数は MATLAB から消去されます。もう少し正確に言うと，MATLAB が使用しているコンピュータのメモリ上（これを MATLAB では**ワークスペース**と呼びます）から消されます。このことは，図 1.1 の MATLAB 画面の右上のワークスペースウィンドウを眺めてみるとわかります。変数を作成すると，このウィンドウにその変数名や与えられた数字などが表示されます。そして clear コマンドを使うことで，このワークスペースウィンドウが使い始める前のキレイサッパリな状態に戻ります。

　そして，この clear コマンドとよく一緒に使うコマンドに clc というコマンドがあります。これはなにをするコマンドかと言うと，clear によってワークスペースはキレイになりましたが，コマンドウィンドウにまだ入力したコマンドたちが表示された状態で残っています。clc コマンドは，このコマンドウィンドウをキレイにするコマンドなのです。では，clear と clc を使って，MATLAB を立ち上げたときの真っさらな状態に戻してみましょう！

```
>> clear;clc;
```

どうでしょうか？ 今回は，clear コマンドの後にセミコロン ; をつけ，return や enter を打たずにそのまま続けて clc; を入力しました。このセミコロンは，特に変数の値を見たくないからという理由ではないことはわかると思います。じつは，MATLAB のセミコロンにはもう一つの役割があります。それはここで 1 行が終わり，もっと言うと，ここで一つのコマンドの入力が終わり，ということを意味します。ですので，clear; とした後に続けて，clc; と書くことができたわけです。セミコロンがなければ，続けてこのように書くことはできません。行数が増えたときに，このように 1 行で複数のコマンドを書くことはすっきりして見やすいプログラムを書くうえでとても効果的です。

1.1.2　MATLAB の超基本コマンドのまとめ

これまでに使った MATLAB のコマンドは，加算の+と，ワークスペースのクリアの clear，それとコマンドウィンドウのクリアの clc くらいです。ここで，MATLAB での四則演算やよく使う定数を**表1.1**に，基本的な制御コマンドを**表1.2**にまとめておきます。

表1.1　MATLAB の四則演算，定数

演算記号	演　算	定　数	説　明
+	加　算	i	虚数単位
-	減　算	j	虚数単位
*	乗　算	pi	円周率
/	除　算	inf	無限大
^	べき乗	NaN	不定値

表1.2　MATLAB の基本的な制御コマンド

コマンド	説　明
help コマンド名	コマンドの説明表示
clear	ワークスペースのクリア
clc	コマンドウィンドウのクリア
exit または quit	MATLAB の終了
cd	カレントディレクトリの変更
pwd	カレントディレクトリを表示
whos	使用中の変数の表示
↑（十字キー）	過去に使用したコマンドの呼出し

1.2　MATLAB エディタを使ってみよう

1.2.1　エディタに解の公式を書いてみる

ここまで，MATLAB を使うことは，コマンドウィンドウに数字やコマンドを直接入力することでした。ただ，何行にも渡る長いプログラムを書く際に，エラーを出しながら細かな修正をするためには，コマンドウィンドウに直接書くのは非効率的ということはすぐにわかるでしょう。そういうときに利用したいのが，**MATLAB エディタ**です（以降は単にエディタと呼ぶこととします）。ではまず，そのエディタを起動しましょう。

エディタを起動するには，MATLAB の画面上にあるアイコンを選んでもよいのですが，ここでは以下のように edit コマンドをコマンドウィンドウに入力してみましょう。

```
>> edit
```

すると**図1.2**に示したようにコマンドウィンドウの上にエディタウィンドウが起動すると思います。

今後は，短いコマンドを入力したり，簡単な計算をすること以外は，このエディタに複数のコマンドあるいは何行ものプログラムを入力して，それらを一度に実行していきます。この一度で何行ものコマンドを実行するするには，エディタに書き込んだプログラムを保存する際に，そのファイルの拡張子を ".m" とすることで可能となります。では，これまでに学んだことを使って，つぎの例題 1.1 を考えてみましょう。

図1.2　MATLAB エディタを表示させた画面

例題 1.1　二次方程式 $ax^2 + bx + c = 0$ の解 x_1, x_2 は，つぎの解の公式によって求められます。

$$x_1, x_2 = \frac{-b \pm \sqrt{b^2 - 4ac}}{2a}$$

では，この解の公式を使って，$a = 1$, $b = 4$, $c = 4$ の場合の解 x_1, x_2 を求めなさい。

【解答 & 解説】　では，せっかくですので，エディタに二次方程式の解を求めるプログラムを書いていきましょう。まず，$a = 1$, $b = 4$, $c = 4$ という変数を作成します。

```
a = 1; b = 4; c = 4;
```

このつぎに，解の公式を書いていきますが，ここでは ± に着目して二つの式に分けたいと思います。

```
x1 = (-b + sqrt(b^2 - 4*a*c)) / (2*a)
x2 = (-b - sqrt(b^2 - 4*a*c)) / (2*a)
```

ここで使用したコマンド **sqrt** は解の公式からもわかるように，平方根（ルート）の英語表現である "square root" の略語です。

　ここまでに記した 3 行をエディタに書き，ファイルを保存します。なお，ファイル名をつけるときには大まかな決まりがあります。以下に注意して保存するようにしましょう。

ファイル名をつけるときの決まり
- 英数字とアンダースコアでつけること
- 日本語は NG
- ファイルの最初の文字に数字は NG
- MATLAB にもともと備わっているコマンド名は NG

ここではファイル名を "kai.m" として保存してみましょう。そして，MATLAB のコマンドウィンドウで "kai" と入力して return を押してみましょう。

　結果を見てみると x1 も x2 も −2 になったのではないでしょうか？ つまり，この a，b，c の値の場合は，重根になるということですね。因数分解をすればすぐにわかると思います。当然，この a，b，c の値を変えて，同様に実行すれば，異なる答えが出てきます。いろいろと試してみてください。◆

1.2.2 さまざまな値の表現方法

　これまで扱った数字は，整数がほとんどだったと思います。ひょっとすると，解の公式の計算結果が小数や虚数になったかもしれません。しかし 1+1 から始まり，扱った数字のすべてはスカラーだったと思います。つまり，一つの変数に代入されているものは一つの数字だけだったと思います。ところがより複雑な計算を行っていくには限界があります。

　そこでつぎに扱うのが，**ベクトル**（**配列**）です。これは一つの変数の中にスカラーを並べてひとまとまりにしたもののことを意味します。コマンドウィンドウにつぎのように入力してみてください。

```
>> a = [1 2 3 4]

a =

     1     2     3     4

>>
```

このような結果が返ってきたと思います。[ ] で四つの値を挟むことで，一つの文字変数 a の中に四つの値が一度に格納されます。このベクトルは，言い換えると行列の一種で，a は 1 行 4 列の行列ともみなすことができます。では，同様に 4 行 1 列のベクトルは作成できるのでしょうか？ 当然できます。つぎのように入力してみてください。

```
>> a = [1;2;3;4]

a =

     1
     2
     3
     4

>>
```

というように列ベクトルもセミコロン；を使うことで，容易につくることができたと思います。現状，これらのベクトルは要素が整数で四つしかないので単純に思えますが，より複雑

な計算を行っていくと，そのベクトルの大きさがパッと見ただけではわからない場合がほとんどとなります。そこで，ベクトル，もう少し厳密に言うと，変数の大きさを知るためのコマンドとして size が用意されています。例えば，いまの例に size コマンドを使ってみると

```
>> a = [1;2;3;4];
>> size(a)

ans =

        4    1

>>
```

のように値が返ってきます。これは，このベクトルの大きさが行列の表現で言うところの 4 行 1 列であることを意味しています。この size コマンドは，今後，さまざまな場面で使用する機会があるとは思いますが，特にプログラムを実行しエラーが出た際に，作成した変数の大きさを確認するうえでとても有効です。ことあるごとに size コマンドを使って，変数の大きさを確認しながらプログラム作成をすることを忘れないようにしてください。

　ベクトルの作成と大きさを確認する方法を学びましたが，もう一つ大切なことがあります。それは，ベクトルの要素の中から，必要な要素だけを取り出す作業です。これは意外と必要な処理で，よく使いますのでここで確認しておきます。例えば，先ほどのベクトルから 3 番目の要素の 3 を取り出すには，コマンドウィンドウでつぎのように書きます。ちなみにプログラム中の％はコメントを追加するための記号で，実行には影響がありません。

```
>> a = [1;2;3;4];
>> a(3)              % a の 3 番目を指定

ans =

        3

>>
```

ベクトルを作成したときの [ ] とは異なり，この場合では ( ) を使う点に注意してください。また，このベクトルの 2 番目から 4 番目の要素を範囲指定して取り出すには，つぎのように書きます。

```
>> a(2:4)

ans =

        2
        3
```

```
                    4

    >>
```

この場合，別の表記として

```
    >> a(2:end)

    ans =

                    2
                    3
                    4

    >>
```

とし，ベクトルの最後の要素という意味で end を使うこともできます。

1.2.3　ベクトル作成で重要な役割を持つコロン

　ベクトルの作成では，直接的に文字変数にそれぞれの要素の値を代入する形を示しましたが，数が多くなった場合，例えば，0 から 10 000 までの数字列を持つベクトルを作成するには，いちいち書いていられません。その際に重要になるのが**コロン**：です。0 から 10 000 までの数字列を変数 a に代入するには，以下のように書きます。

```
    >> a = 0:10000;
    >> size(a)

    ans =

            1    10001

    >>
```

size コマンドの結果を見てわかるように，コロンを使ったベクトルは，0 を含めて 1 行 10 001 列のベクトルとして生成されます。注意しておきたいのは，このベクトルは 0 1 2 3 ⋯ 10000 のように，整数 1 の間隔で数値列が生成されている点です。間隔が 1 なので，size の結果が 10 001 列になっているわけですね。

　しかし，しばしばこの間隔を 1 以外に設定したい場合があります。例えば，その設定したい間隔が 0.1 の場合，つぎのように書くことができます。

```
    >> b = 0:0.1:10000;
    >> size(b)

    ans =
```

```
1      100001

>>
```

`size` コマンドの結果を見ると，一瞬なにかおかしいと感じた人もいるかもしれません。しかし，間隔を 0.1 に設定したということは，このベクトルは 0 0.1 0.2 0.3 ··· 9999.9 10000 のように変化するベクトルとなりますので，間隔を 1 に設定したときより，`size` の結果は大きくなります。では，これまでに学んだことを使って，つぎの例題 1.2 を考えてみましょう。

例題 1.2　つぎの式を計算しなさい。

$$y = \sin(x)$$

ただし，x の範囲は $x = 0{\sim}2\pi$ とします。

【解答＆解説】　今回の計算は，前回と同様にエディタを使って行いましょう。

まず，x の範囲を決めてあげます。条件にあるように，$x = 0{\sim}2\pi$ と設定するために，つぎのように書いてみます。円周率 π は，表 1.1 にあるように，`pi` で表します。

```
x = 0:2*pi;
```

sin 関数は，そのまま MATLAB でも `sin` で大丈夫ですので

```
y = sin(x);
```

となります。計算は以上です。計算結果が正しいかどうかを数字で見るのではなく，ここで初めてグラフ表示関数の `plot` を使ってグラフの様子を見て判断してみましょう。それはつぎのようになります。

```
plot(y);
```

以上を保存し実行すると，別のウィンドウが立ち上がってくるはずです。そして表示は**図 1.3** のようになったはずです。

明らかに見覚えのある sin 関数ではないですね。表示がカクカクしています。なぜでしょう？ じつは，これは x の範囲を `0:2*pi` と設定したことが原因です。2π は $2 * 3.14 = 6.28$ です。つまり，x の値は 0, 1, 2 ···, 6 まで整数で 1 ずつ変化します。整数で 1 ずつ変化するために 6.28 という小数を含む x の値が生成されないのです。その結果，0 から 6 までの七つの整数が x として生成されます。したがってグラフの横軸である x は整数で 1 ずつの飛び飛びの値しか取れず，その x の値に対応した y の値の間を直線で結んだカクカクした表示になってしまいます。

また重要な注意点として，MATLAB は 0 番目という概念がありません。つまり表示されているグラフの横軸の 1 という値は，$x = 0$ の点を表しており，$x = 6$ の点はグラフの 7 という値の位置として表示されています。グラフ表示の際は，これが意外と問題になりますので注意が必要ですし，

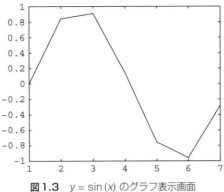

図1.3　$y = \sin(x)$ のグラフ表示画面

それ以上に MATLAB には 0 番目という概念がないということは今後のプログラミングでも注意をしていってください。

　では，この sin 関数の表示を期待している滑らかなものにするための作業に戻りましょう。どのようにすればよいかすでに想像できていると思いますので結論を言いますが，0:2*pi では整数で 1 ずつ変化するため，これをもう少し細かい刻みで変化させることにすればよいのです。例えば，つぎのようにしてみればどうでしょうか？

```
x = 0:0.1:2*pi;
y = sin(x);
plot(y);
```

当然ですが，コマンドウィンドウでこれらを実行している場合は，再度 y = sin(x); を実行する必要があります。さてグラフ表示はどのようになったでしょうか？

　図1.4にあるように滑らかな sin 関数が表示されたことと思います。注意点としては，横軸の値が，6.28 を大幅に超えた値になっている点です。これは，新たにつくった x が 0.1 刻みであり，x が 0 から 6.28 を超えない 6.2 までの範囲に設定されたからです。つまりこのグラフの横軸は x のベクトルの長さ（0 を含んで 63 個）になっているからです。ここでは軸の数値はねらったものにはなっていませんが，とにかく期待していた滑らかな sin 関数が描けたということでよしとしましょう。細かいグラフ表示の設定は，4 章で説明することとします。　　　　　　　　　　　　　　　◆

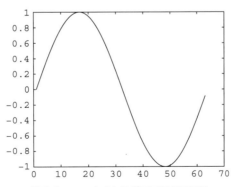

図1.4　$y = \sin(x)$ のグラフ再表示画面

1.2.4　MATLAB の MAT は MATRIX の MAT

スカラーからベクトルへと扱う変数の形を変えてきましたが，最後の形，マトリクス（行列）をつくってみます。これまで利用してきたスカラーもベクトルも，じつはマトリクス表現の一部で，要素が四つであったベクトルも 1×4 のマトリクスと言っても差し支えないことはこれまでお話してきた通りです。

では早速，簡単なところで 2 行 2 列のマトリクスをつくってみましょう。

```
>> a = [1 2; 3 4]

ans =

        1        2
        3        4

>>
```

無事に 2 行 2 列のマトリクスをつくることができました。見て頂ければわかると思いますが，行を改行するときにセミコロン；を挿入しています。四つの要素を持つ縦長のベクトルをつくったときと同じということに気がつくでしょうか？ つまり MATLAB ではベクトルでもマトリクスでも，行を改行するときにはセミコロン；を挿入すればよいということです。

　マトリクスの要素を一つ取り出す際は，行番号と列番号を指定しなくてはならないことは想像通りです。つまり，2 行 1 列目の要素を取り出すには

```
>> a = [1 2; 3 4];
>> a(2,1)

ans =

        3

>>
```

のように ( ) を使い，指定すれば OK です。当たり前ですが，1 行 2 列目と 2 行 1 列目を間違えないようにしましょう。ここでつぎのようにコマンドを入力するとどうなるでしょうか？

```
>> a(2,:)

ans =

        3        4

>>
```

となったと思います。() を使い，行列の要素を取り出す際にコロン：を使って指定をすると，

その行，もしくは列のすべての要素を指定することになります。この例では2行全列という意味になります。ではせっかくですから，マトリクスを使ったつぎの例題 1.3 に取り組んでみましょう。

例題 1.3　マトリクス $\mathbf{A}$ が $\mathbf{A} = \begin{pmatrix} 1 & 3 & 5 \\ 2 & 1 & 4 \\ 2 & 2 & 2 \end{pmatrix}$，ベクトル $\mathbf{b}$ が $\mathbf{b} = \begin{pmatrix} 1 \\ 4 \\ 2 \end{pmatrix}$ と与えられたとき，$\mathbf{Ax} = \mathbf{b}$ を満たす $\mathbf{x}$ を求めなさい。

【解答＆解説】　ここでは以下に計算方法を示します。

```
>> A = [1 3 5; 2 1 4; 2 2 2];
>> b = [1; 4; 2];
>> x = inv(A)*b

x =

     1.5000
    -1.0000
     0.5000

>>
```

ここでコマンド inv は逆行列を計算するコマンドです。検算として，以下を実行すると計算結果が正しいことがわかります。

```
>> A*x

ans =

    1.0000
    4.0000
    2.0000

>>
```
◆

いかがでしょうか？　ここで本章最後の注意点があります。例題 1.3 でのマトリクスの乗算は単に*を使うことで行いました。この演算は手計算でマトリクスを計算するときと同じ演算を行っています。しかし，つぎのような場合には注意が必要です。

```
>> a = [1 2 3]; b = [3 1 2];
>> a*b

エラー:  *

内部行列の次元は一致しなければなりません。
```

```
>>
```

この例の a と b は同じベクトルの形（1 行 3 列）をしています。そして，このベクトルの乗算は手計算でもできませんのでエラーが出ても当然です。しかし，これらベクトルの要素同士の乗算はときに必要になります。乗算だけでなく，ベクトルあるいはマトリクスの要素同士の計算には，その四則演算の演算子の前に**ドット.** を追記することで可能となります。つまりこの a と b に対して，つぎの演算は要素同士の乗算結果を返します。

```
>> a.*b

ans =

       3    2    6

>>
```

—— 演 習 問 題 ——

【1.1】 MATLAB における ans とはどのようなときに自動生成されるか説明しなさい。

【1.2】 clear と clc のコマンドの意味をそれぞれ説明しなさい。

【1.3】 a = 1:0.5:3; で得られるベクトル a を示しなさい。

【1.4】 x=[1 2]; y=[3; 4]; のとき，x*y, y*x, x.*y.', x.'.*y を求めなさい。

【1.5】 A=[2 3; 4 5; 6 7]; が与えられたとき，A(1,2), A(2,1), A(2,:), A(:,2), A(:,:) を求めなさい。

2

ループと条件分岐ってなに？
─ 電卓を越えたプログラム ─

　　プログラム言語を少しでも触ったことのある人にとっては，ループや条件分岐がプログラミングにおいて，なくてはならないコマンドであることは理解して頂けるでしょうし，さまざまな言語で同様のことを行ったことがあるはずです。それぐらいこのループや条件分岐はどんなプログラミング言語においても重要で，これらなしではプログラミングはほぼ不可能と言っても過言ではありません。本章ではループや条件分岐を MATLAB ではどのように書くのか，その基本的なところを紹介していきながら，プログラミング初心者には，プログラミング特有のループや条件分岐を利用するという思考感覚が伝わるように説明していきます。

ゴール　for と if の基本を押さえ，さまざまな場面で利用・応用できるようになる！

2.1　電卓の域を越える MATLAB の使い方をマスターしよう

2.1.1　for（ループ）について知ろう

　1 章で学習した計算のほとんどは，じつは関数電卓でも計算できるレベルでした。しかし，本章以降に学ぶ細かなことは MATLAB のようなコンピュータ言語でなくてはできないことです。特に本章で学ぶことは，言い方を変えれば，さまざまなコンピュータ言語で共通に用いられる計算方法です。つまり，応用範囲が非常に広いということです。ほかのコンピュータ言語を学んだことがある方は MATLAB でのその方法を，また MATLAB が初めてのコンピュータ言語の方はその基本となる方法をぜひ理解してください。

　まずここで学ぶのは**ループ**です。ループとは，あるプログラムの区間を「指定した回数だけ繰り返す」ということを意味します。ループを行うためには，いくつかの方法がありますが，最も標準的な方法は for を使うものです。例題 2.1 を使って説明します。

例題 2.1　for ループを使って 1+2+3 を計算しなさい。

【解答＆解説】　この例は for ループを使って，単純に $1 + 2 + 3$ を計算するものです。プログラムの例を以下に示します。

★ for ループの例（1 + 2 + 3）

```
1  clc;clear;
2  s = 0;                    % 変数 s に初期値として 0 を代入
3  for n = 1:3               % n=1 から 3 まで繰り返すループ
4      s = n + s;            % 順番に足し算
5  end                       % end で必ずループの最後を示す
```

clc;clear は 1 章で説明した通りですのでよいとして，まずは変数 s に初期値として 0 を代入して準備します。つぎに早速 for です。for のすぐ横には，行いたいループの回数を書きます。その際，任意の変数（ここでは n）を用意します。例では，n が 1 から 3 まで変化することを表しています。つまり，n=1 から始まり，つぎの行 s=n+s; を実行した後，つぎが end ですので，for の行に戻ります。そのとき，n が 2 に変わります。同様に続けて s=n+s; を実行します。このとき，n=2 であり，s は n=1 のときに計算された結果が 1 であるので，s=2+1=3 となります。end に来て，for ループの最後として，n=3 の場合が計算されます。結果，s=3+3=6 となるので，1 + 2 + 3 を計算したことになることがわかります。結果の s を確認するためには，コマンドウィンドウに disp(s) と入力してください。この disp コマンドにより，コマンドウィンドウに計算結果が出力されるはずです。

ポイントは，s が最初に値 0 を持つ変数として与えられ，for ループの中でつぎつぎと更新されていくということです。for ループを使うときは，このようにループ内で利用する変数をループの前に準備し，初期値を与えるというやり方がよく行われます。　　　　　　　　　　　　　◆

1 + 2 + 3 は暗算でもできますし，コマンドウィンドウ上で直接入力することでも計算できるので大した計算ではありません。しかし，1 から 10 000 までを足す計算となると，手入力ではなかなか大変です。このように数字が大きくなった場合，for が威力を発揮します。その計算を例題 2.2 に示します。

例題 2.2　for ループを使って 1 + 2 + ⋯ + 10 000 を計算しなさい。

【解答＆解説】　プログラムの例を以下に示します。

★ for ループの例（1 + 2 + ⋯ + 10 000）

```
1  clc;clear;
2  s = 0;                    % 変数 s に初期値として 0 を代入
3  N = 10000;                % ループの回数を定数として与えておく
4  for n = 1:N               % n=1 から N まで繰り返すループ
5      s = n + s;            % 順番に足し算
6  end                       % end で必ずループの最後を示す
```

基本は例題 2.1 で示した 1 + 2 + 3 と同様です。10 000 まで足した結果を確認するために，コマンドウィンドウに disp(s) と入力してください。計算結果は，50005000 と出力されるはずです。

　　　　　　　　　　　　　　　　　　　　　　　　　　　　　　　　　　　　　　◆

2.1.2　if（条件分岐）について知ろう

for と同様に重要なコマンドとして，if があります。if は**条件分岐**を行う際に必要となるもので，ある条件式と合わせて使います。英単語の if と同様に，「もし … ならば」という意味を持ち，この「…」にあたるのが条件式となります。やはり例を使ったほうがわかりやすいので，つぎの例題 2.3 を見てください。

[例題 2.3]　if の条件分岐を使い，与えられた n が 5 より大きいかどうかを判定し，大きいなら 0 とするプログラムを書きなさい。

【解答＆解説】　プログラムの例を以下に示します。

★ if の条件分岐の例

```
1  clc; clear;
2  n = 7;                % 変数 n に初期値として 7 を代入
3  if n > 5              % もし n が 5 よりも大きいなら
4      n = 0;            % n に 0 を代入する
5  end                   % if の条件分岐の最後を示す end
```

ここではまず n の初期値として，7 を用意しています。そしてつぎの if で条件式を n>5 としています。もしこの条件式を満たすなら，つぎの行に進みます。もし満たさなければ，この if から，終わりを示す end までの if のブロックは無視されます。この例では，n=7 ですので条件式を満たし，n=0; の行に進みます。そして，n に 0 が代入され，計算は終了します。この例を実行した後に，n の中身がどうなっているか確認してみましょう。確認するには，for のときと同様に，disp(n) とコマンドウィンドウに入力すると，n の値が同じコマンドウィンドウに返ってくるはずです。if の条件式を満たさないことを確認するために，2 行目の n=7; を n=3; などと設定を変更して実行してみてください。n が変更されずに 3 のまま出力されるはずです。　　　　　　　　◆

2.1.3　else を if と一緒に使う

例題 2.3 では，if の横の条件式を満たさなければ，end までのブロックが無視されました。しかし，この条件式を満たさない場合には別のプログラムを実行したいという場合があります。そのときに使うコマンドが else です。つぎの例題 2.4 を見てください。

[例題 2.4]　if の条件分岐を使い，与えられた n が 9 より大きいかどうかを判定し，大きいなら 10 とし，そうでなければ 0 とするプログラムをつくりなさい。

【解答＆解説】 プログラムの例を以下に示します。

★ if の条件分岐の例（+ else）

```
1  clc; clear;
2  n = 8;                  % 変数 n に初期値として 8 を代入
3  if n > 9                % もし n が 9 よりも大きいなら
4      n = 10;             % n に 10 を代入する
5  else                    % そうでなければ（つまり n が 9 以下なら）
6      n = 0;              % n に 0 を代入する
7  end                     % if の条件分岐の最後を示す end
```

else を使うと上の例のように，最初の if の条件を満たさない場合の計算を else 以下に書くことによって実行することができます。つまり言い換えると，if n <= 9 という場合の条件分岐を else という一語で置き換えているという意味です。これは二択の分岐で，一方でなければもう一方という分岐となっているわけです。   ◆

　この二択よりも多い条件分岐も用意されています。それは，if と else を合体させたような elseif というコマンドです。つぎの例題 2.5 を見てください。

例題 **2.5**　if の条件分岐を使い，与えられた n が 9 より大きいかどうかを判定し，大きいなら 10 とし，9 以下で 5 より大きい場合は n を 8 とし，そうでなければ 0 とするプログラムをつくりなさい。

【解答＆解説】 プログラムの例を以下に示します。

★ if の条件分岐の例（+ elseif + else）

```
1  clc;clear;
2  n = 6;                  % 変数 n に初期値として 6 を代入
3  if n > 9                % もし n が 9 よりも大きいなら
4      n = 10;             % n に 10 を代入する
5  elseif n > 5            % n が 9 以下で，n が 5 より大きい場合
6      n = 8;              % n に 8 を代入する
7  else                    % そうでなければ（つまり n が 5 以下の場合）
8      n = 0;              % n に 0 を代入する
9  end                     % if の条件分岐の最後を示す end
```

　elseif の行を見て頂ければわかると思いますが，elseif の横には条件式が添えられています。これまでの else は二択の対（それ以外なら）であるため，特に条件式が明記されていなくてもその意味がわかりましたが，elseif では条件式が必要となります。それはこのプログラムでも明らかなように，elseif を使う場合は，三択以上の分岐となるからです。三択以上の分岐で注意しなくてはならないことは，それぞれの条件式に矛盾がないかどうかです。二択ではある条件とそれ以外という分岐であるため，矛盾が原則的に起こりませんが，三択となると別です。例えば，elseif の条件式を n>5 から n>10 としたらどうでしょうか？ じつはプログラムとしては，エラーなく実行されます。そ

してこの場合の結果は，else を通過し 0 となります。しかし，最初の if に対して二つ目の elseif の意味は 9 以下で 10 より大きい場合となってしまい，条件式に矛盾ができてしまいます。もちろんそのつぎの行を実行することなく，通過となってしまいます。

　さて，このプログラムの実行結果が 8 となることが，プログラムを見ただけでわかるでしょうか？これを理解するには，とにかく上から順番に追いかけるしかありません。特に，if，elseif，else の順番に追いかけます。このときに重要なことは，if から順に条件式を判定していきますが，if か elseif のどちらかの条件式を満たした瞬間に，if で始まる条件分岐のブロック内の分岐自体がすべて終了となるということです。これはつぎの例題 2.6 を見るとわかってもらえると思います。　　◆

例題 2.6　つぎのプログラムを実行した際，最終的に n はどのような値となるか，答えなさい。

```
1  clc;clear;
2  n = 6;            % 変数 n に初期値として 6 を代入
3  if n > 5          % もし n が 5 よりも大きいなら
4      n = 8;        % n に 8 を代入する
5  elseif n > 7      % n が 5 以下で，n が 7 より大きい場合
6      n = 10;       % n に 10 を代入する
7  else              % そうでなければ
8      n = 0;        % n に 0 を代入する
9  end               % if の条件分岐の最後を示す end
```

　【解答＆解説】　実行結果は，n=8 です。n=6 という初期値ですので，最初の if の条件式を満たします。したがって，n=8 となります。つぎの elseif の条件式は n>7 なので，n=8 がこの条件式を満たします。その結果，n=10 となるかというとなりません。先にも説明しましたが，if，elseif，else からなる if のブロックでは，一つでも条件式を満たす分岐を通過したら，このブロックはすべて終了です。したがって，二つ目の条件式である elseif は無視され終了ということになり，最終結果は n=8 となります。注意しておきたいのは，elseif の横に注釈で書いておきましたが，elseif n>7 という分岐の条件が矛盾している点です。いずれにせよ，この条件分岐は意味をなしていません。

　　◆

　さて不思議に思った人もいるかもしれませんが，ここまで条件式に用いたのは ">" のみです。例えば，n が 10 と等しいなら，といった条件式はできないのかというと，できます。**表2.1** に if の条件式で頻繁に用いることになりそうな "演算子" をまとめて示しておきます。ここで，論理演算子について少し説明をします。まず，&& で示される論理演算子はいわゆる "AND" を表しています。表に示した表現を使えば，"条件式 A と条件式 B の両方を満たすなら" という意味で，二つの条件式を使った if 文を使うことができるということを表しています。二つの条件式の片方でも満たさない場合は if 文の条件を満たしません。一方，|| で示される論

表2.1　if の条件式でよく使う関係演算子と論理演算子

		使い方	意　味
関係演算子	==	if n == 1	等しい
	~=	if n ~= 1	等しくない
	<	if n < 1	より小さい
	>	if n > 1	より大きい
	<=	if n <= 1	以　下
	>=	if n >= 1	以　上
論理演算子	&&	if （条件式 A）&&（条件式 B）	条件式 A と B の両方を満たす場合
	||	if （条件式 A）||（条件式 B）	条件式 A と B の少なくともどちらかを満たす場合

理演算子はいわゆる "OR" を表しています。同様に表に示した表現を使えば，"条件式 A あるいは条件式 B の少なくともどちらかを満たすなら" という意味で，二つの条件式を使った if 文を使うことができるということを表しています。少なくともどちらかを満たせばよいので，両方を満たす場合もこの条件に含まれています。

　本章で学んできた for と if は組み合わせながら使うことがとても多いので，ここで for と if を一緒に使った，より実践的なプログラム例として例題 2.7 を示します。

例題 2.7　つぎのプログラムを実行すると，どのようなグラフが表示されるか確認しなさい。

★ for と if を一緒に使った計算例

```
1   clc;clear;
2   x = 0:0.01:2*pi;              % x 軸を 0 から 2π まで 0.1 刻みで準備
3   y = sin(x);                   % sin 関数
4   plot(y);                      % sin 関数をグラフ表示
5   yy = zeros(length(y),1);      % sin 関数と同じ長さの 0 ベクトルを準備

6   for n = 1:length(y)           % sin 関数と同じ長さだけ for ループさせる
7      if y(n) > 0.5              % sin 関数の値が 0.5 より大きいならば，
8         yy(n) = 0.5;            % 0.5 を用意した 0 ベクトルに代入
9      else                       % sin 関数の値が 0.5 以下ならば，
10        yy(n) = y(n);           % sin 関数をそのまま 0 ベクトルに代入
11     end                        % if の最後
12  end                           % for の最後
13  hold on;                      % グラフを重ね描きするためのコマンド
14  plot(yy,'--');                % 代入した結果のベクトルを破線でプロット
```

【解答＆解説】　例の中にはいくつかこれまでに使っていないコマンドがありますが，3，4 章にて説明をしますので安心してください。ポイントは，for の中で if を使っている箇所です。sin 関数のデータ y(n) に対して，for で n を 1 点ずつ変化させて if の条件式と照らし合わせています。そして sin 関数の値が，0.5 を超えるならば 0.5 にしてしまう，ということを for と if を使って計算

しています。

　図2.1に示したグラフ表示結果を眺めれば，なにを行ったのかわかりますよね。ただし，元の sin 関数と重なっている部分は破線の表示が見えなくなっていることに注意してください。　　◆

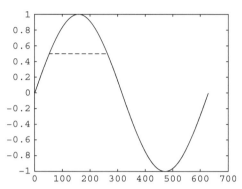

図2.1 for と if を使った計算例のグラフ表示結果

2.2　まだあるループと条件分岐

　基本的でとても重要な計算方法であるループと条件分岐を，for と if を使って説明してきました。この for と if は，書式の違いこそあれ，ほかのコンピュータ言語でも似たようなものが必ずあります。じつは，現実的な使用頻度は for と if にはかなわないものの，ほかにもループと条件分岐を行うためのコマンドが MATLAB にも用意されています。同じように簡単な例を用いながら，その使い方を学んでおきましょう。

2.2.1　もう一つのループ while

　ループを行うためのもう一つのコマンドは，while です。その意味は，「～を満たす間はずっとループする」です。つまり while コマンドの横に，まるで if 文のように条件式を添えることが必要になります。この点が for と大きく違う点です。では早速，つぎの例題 2.8 を見てみましょう。

　例題 **2.8**　つぎのプログラムを実行すると，出力される n はどのような値になるか確認しなさい。

　　★ while ループの例

```
1  clc;clear;
2  n = 16;                        % n の初期値を 16 とした
```

```
3    while n > 1                      % n が 1 よりも大きい間はつぎの行を繰り返す
4       n = n/2;                      % n を 2 で割り，そのまま n へ戻す
5    end                              % while 文の最後を示す end
6    disp(n)                          % n をコマンドウィンドウに表示する
7    disp('devisible if n = 1')       % 割り切れたかどうかを文字で示す
```

【解答＆解説】　実行結果は，n=1 です。注目したいのは，while コマンドの横の条件式です。例の注釈にもありますが，n>1 の間は while 文のブロック（end まで）をずっと繰返すという処理です。for では，何回ループをさせるのかというのはユーザーが明確に決める必要がありましたが，while では何回ループさせるかということは意識せず，条件式が満たされている間はずっと続けるということに意識を向けます。つまり，この差がループのコマンドを選ぶ際に，for を使うのか while を使うのかを判断するポイントになります。この例では，初期値 16 に対して，2 で割り続ける処理を行っています。そして 16 が割り切れて n=1 となったとき，while のブロックが終了します。

　また，ここでは disp コマンドを 2 回使っています。一つ目は n の値をコマンドウィンドウに表示します。二つ目の disp コマンドでは，**クォーテーションマーク**（'）でくくられた文字列をコマンドウィンドウに表示するように設定しています。このように MATLAB ではクォーテーションマークでくくることによって，文字列を扱う場面が多々あります。今後もさまざまなコマンドで文字列を扱うことが出てきますが，その場合はクォーテーションマークを使うということを覚えておいてください。　　　　　　　　　　　　　　　　　　　　　　　　　　　　　◆

　ここで忘れずにお伝えしておきたい，while コマンドの特徴的な利用方法があります。それは**無限ループ**です。「ある条件」を満たすまで，無限回数ループさせるというものです。つぎの例題 2.9 を見てください。

例題 2.9　つぎのプログラムを実行すると，出力される n はどのような値になるか確認しなさい。

　★ while ループの例（無限ループ）

```
1    clc;clear;
2    n = 0;
3    while 1                          % 条件式のところに 1 と書くと無限ループ
4       n = n + 1;                    % ループの回数分 n に 1 を足していく
5       if n > 99                     % もし n が 99 を超えたら（つまり 100 になったら）
6          break;                     % 無限ループ止める
7       end                           % if 文の end
8    end                              % while 文の最後を示す end
```

【解答＆解説】　実行結果は，n=100 です。3 行目の注釈に示しましたが，while コマンドを使った無限ループは条件式を "1" とすることで行うことができます。無限ループそのものは，この条件式を 1 とすればよいのですが，するとこの無限ループを抜け出すことができなくなります。そこで 5〜7 行目にあるように，while 文の中に if 文を挿入しておき，無限ループを抜けられるようにしてお

きます。ループを抜ける際に必要なコマンドは break で，ループの強制終了を意味します。　　◆

2.2.2　もう一つの条件分岐 switch

for に while があるように，if にも似て非なるコマンド switch があります。if と switch の決定的な違いは，if は条件によっては分岐もせず，後になにも処理をしないことがありますが，switch は条件に合わせて必ずどこかに分岐させる点です。ですので，より厳密には if は条件判定で，switch は条件分岐と呼んだほうがよいのかもしれません。

では，その switch 文に関する例題 2.10 をつぎに示します。

例題 2.10　つぎのプログラムを実行させ，例えば 16 を入力し，コマンドウィンドウになにが出力されるか確認しなさい。

★ switch の条件分岐の例

```
1   clc;clear;
2   n = input('Enter a number = ');        % 入力された数字を n に代入
3   switch n                               % n に対して条件分岐
4      case 2                              % n が 2 の場合
5         disp('2^1');
6      case 4                              % n が 4 の場合
7         disp('2^2');
8      case 8                              % n が 8 の場合
9         disp('2^3');
10     case 16                             % n が 16 の場合
11        disp('2^4');
12     otherwise                           % 上記以外が入力された場合
13        disp('beyond my knowledge');
14  end
```

【解答＆解説】　まず switch 文の前に，2 行目の input コマンドを紹介しておきます。このコマンドが実行されると，クォーテーションマークでくくられた文字列がコマンドウィンドウに表示された後，プログラムの実行が一旦停止し，ユーザーのコマンドウィンドウへの入力待ち状態になります。コマンドウィンドウに文字が入力されると，その入力された文字がここでは変数 n に代入されます。このコマンドは同じプログラムを何度も用いて行うような実験を行う際に特に有効です。シンプルなユーザインタフェースと言ってもよいでしょう。

さて，つぎの行に switch 文です。この 3 行目では単にこの switch 文は n に対して条件分岐が行われることを宣言しているだけです。この宣言の後に続く case コマンドが分岐そのものを表しており，その横に添えられる数字が n と一致するとその下の処理が行われます。例えば，コマンドウィンドウに 16 が入力された場合は case 16 と一致するので，disp('2^4'); が実行され，switch 文が終了になります。case コマンドはそれぞれ横に添えられた数字との一致を見ればよいので視覚的にもわかりやすいですが，最後に書かれている otherwise にも触れておかなければなりません。こ

の otherwise は勘のよい方はわかると思いますが，if 文で言うところの else に相当します。つまりどの case にも一致しなかった場合に，この otherwise に振り分けられます。

複雑に使おうと思えば，さまざまなことが switch コマンドで可能かとは思いますが，大規模なプログラムを書き・実行する際に，実行条件を最初に与え，動作させるプログラムを選択するような場合に，switch 文は特におすすめです。　　　　　　　　　　　　　　　　　　　　　　　　　◆

—— 演 習 問 題 ——

【2.1】　if，else，elseif の意味と使い方を説明しなさい。

【2.2】　変数 A にユーザーが指定する数値を入力し，A が 124 以上の場合は「卒業必要単位取得」，100 以上 124 未満の場合は「卒論着手必要単位取得」，62 以上 100 未満の場合は「3 年進級必要単位取得」，62 未満の場合は「要相談」と表示するプログラムをつくりなさい。

【2.3】　変数 A にユーザーが指定する数値を入力し，A が 0 でない場合は「逆数は (1/A) です。」（(1/A) にはその値を入れる）を，そうでない場合は「逆数は計算できません」と表示するプログラムをつくりなさい。

【2.4】　for の意味と使い方を説明しなさい。

【2.5】　3 の倍数となる 99 までのすべての n (n = 3,6,9,12,15,···,99) に対し，その n の値を表示するとともに，その値が 5 の倍数なら「5 の倍数です！」と表示するプログラムをつくりなさい（ヒント：N が R の倍数かどうかは，N/R - fix(N/R) が 0 かどうかでわかる）。

【2.6】　while の意味と使い方を説明しなさい。

【2.7】　a(1) = 1; a(2) = 1; とし，漸化式 a(n+2) = a(n+1) + a(n); を n = 1 から順に代入して a(n) を計算して表示し，その値が 1000 以上となったら終了するプログラムをつくりなさい。

3

サイン・コサインも思いのまま
― 自分だけのコマンド作成 ―

卒業研究に始まる研究活動ではさまざまな新しいことにチャレンジすることが求められます。それはつまり，自分だけの手法や方法を考え，トライをしながらそれらをつくりこんでいく作業と言ってもいいでしょう。その際，理工系の学生なら MATLAB に限らずコンピュータを使うことは当たり前でしょうし，自分でつくった手法を関数化（コマンド化）し，何度も使うことになるでしょう。本章では MATLAB に備わっている超基本的なコマンドを紹介しながら，最終的に MATLAB を使って自分だけのコマンドのつくり方を学んでいきます。

ゴール MATLAB 備え付けのコマンドを使用することから始め，自分だけのコマンドの作成ができるようになる！

3.1 まずは MATLAB に備わっているコマンドを使ってみよう

3.1.1 その前に 1，2 章を簡単に復習する

MATLAB では，特に前もって定義することなく，変数に与えることができるデータの形がいくつかあることはこれまでに触れてきましたが，ここで**表3.1**に明確にまとめておきます。

表3.1 データの形とその例

	スカラー	ベクトル	マトリクス
説 明	一つの数字（値）のこと	1 行○列，または○行 1 列の行列のこと	○行△列，または△行○列の行列のこと

例	a = 1;
	b = 0.15;
	c = 2/3;
		a = [1 2 3 4];
		b = [1;2;3;4];
		c = 1:4;
			a = [1 2;3 4];
			b = [1 2;3 4;5 6];
			c = zeros(2,2);

データの形はそのほかにもありますが，とりあえず数値計算を行うには，これら三つの形を抑えておけばなんとかなります。スカラーもベクトルも，マトリクスの一つの形であると考えると，MATLAB では結局，行列の演算をするんだと理解できるはずです。

3.1.2 よく使うコマンドを使ってみる

ここではよく使うコマンドをいくつか紹介します（**表3.2，3.3**）。これらのコマンドは，マニュアルで調べなくともすぐに使えるようになっておきましょう。

表3.2 よくつかうコマンド

コマンド	意味	例1	例2	例3

size	変数行列が何行何列なのかを返すコマンド	<pre>>> a = [1 2;3 4];
		>> size(a)
		ans =
		     2 2
		>></pre> 行列 a が 2 行 2 列であるということを返します。		

length	変数行列の長さを返すコマンド	<pre>>> a = [1 2 3 4];
		>> length(a)
		ans =
		     4
		>></pre> 変数行列がベクトルの場合、aの要素数として4を返します。
			<pre>>> a = [1 2; 3 4; 5 6];
			>> length(a)
			ans =
			     3
			>></pre> 変数行列が3行2列の場合、3行と2列の大きいほうの3が返されます。	

sum	要素の和を返すコマンド	<pre>>> a = [1 2 3 4];
		>> sum(a)
		ans =
		    10
		>></pre> 変数行列がベクトルの場合、aの要素の和を返します。
			<pre>>> a = [1 2; 3 4; 5 6];
			>> sum(a)
			ans =
			     9 12
			>></pre> 変数行列の列に沿って要素の和が計算されます。
				<pre>>> a = [1 2; 3 4; 5 6];
				>> sum(a,2)
				ans =
				     3
				     7
				    11
				>></pre> 行に沿った要素の和の計算

mean	変数行列の平均値を返すコマンド	<pre>>> a = [1 2 3 4];
		>> mean(a)
		ans =
		    2.5000
		>></pre> 変数行列がベクトルの場合、aの要素の平均値を返します。
			<pre>>> a = [1 2; 3 4; 5 6];
			>> mean(a)
			ans =
			     3 4
			>></pre> 変数行列の列に沿って要素の平均値が計算されます。
				<pre>>> a = [1 2; 3 4; 5 6];
				>> mean(a,2)
				ans =
				    1.5000
				    3.5000
				    5.5000
				>></pre> 行に沿った要素の平均値の計算。使い方は sum コマンドと同じです。

max	変数行列の最大値を返すコマンド	<pre>>> a = [1 2 3 4];
		>> max(a)
		ans =
		     4
		>></pre> 変数行列がベクトルの場合、aの要素の最大値4を返します。
			<pre>>> a = [1 2; 3 4; 5 6];
			>> max(a)
			ans =
			     5 6
			>></pre> 各列の最大値を要素とする行ベクトルを返します。
				<pre>>> a = [1 2; 3 4; 5 6];
				>> max(max(a))
				ans =
				     6
				>></pre> 行列内の最大値を得るためによく行うワザ

表3.3 変数の丸めを行うコマンド

コマンド	意　味	例	コマンド	意　味	例

ceil	正の無限大方向への丸め	`>> a = 1.234;`
		`>> b = -1.234;`
		`>> ceil(a)`
		
		`ans =`
		
		`    2`
		`>>`
		`>> ceil(b)`
		
		`ans =`
		
		`   -1`
		
		`>>`
			fix	ゼロ方向への丸め	`>> a = 1.234;`
					`>> b = -1.234;`
					`>> fix(a)`
					
					`ans =`
					
					`    1`
					`>>`
					`>> fix(b)`
					
					`ans =`
					
					`   -1`
					
					`>>`

floor	負の無限大方向への丸め	`>> a = 1.234;`
		`>> b = -1.234;`
		`>> floor(a)`
		
		`ans =`
		
		`    1`
		`>>`
		`>> floor(b)`
		
		`ans =`
		
		`   -2`
		
		`>>`
			round	最も近い整数への丸め（四捨五入）	`>> a = 1.234;`
					`>> b = -1.234;`
					`>> round(a)`
					
					`ans =`
					
					`    1`
					`>>`
					`>> round(b)`
					
					`ans =`
					
					`   -1`
					
					`>>`

3.1.3　数値計算でよく使うコマンドを使ってみる

　ここでは，三角関数，指数関数，対数関数と複素数の扱いについてプログラムを通じて紹介します。多くの説明よりも MATLAB を使って各プログラムを動作させるほうが理解が深まると思いますので，ぜひ一つひとつ実行させてみてください。ここでは，plot コマンドの入力引数に x と y の二つを使用しています。この plot コマンドの使用方法については4章を参考にしてください。

〔1〕　三　角　関　数

```
1  clear; clc;              % メモリーのクリア，コマンドウィンドウのクリア
2  x = 0:0.1:2*pi;          % 2πまでを1刻みでは粗いので0.1刻みで横軸を作成
3  y = sin(x);              % サイン関数
4  yy = cos(x);             % コサイン関数
5  plot(x,y,'k')            % サイン関数のグラフ表示（黒色）
6  hold on                  % グラフの重ね描きのコマンド
7  plot(x,yy,'--')          % コサイン関数のグラフ表示（破線）
8  hold off                 % グラフの重ね描きをやめるコマンド
```

　プログラムの実行結果を，**図3.1**に示します。実線がサイン関数で，破線がコサイン関数です。サイン関数に関しては，1章の例題1.2に詳細がありますので参考にしてください。

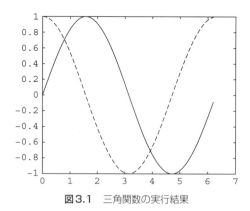

図3.1 三角関数の実行結果

〔**2**〕 指 数 関 数

```
1  clear;clc;
2  x = 0:0.01:5;          % 横軸を 0.01 刻みで，0〜5 までとする
3  y = exp(-x);           % (-x) であるので減衰する
4  plot(x,y,'k')          % 指数関数のグラフ表示
```

　プログラムの実行結果を，**図3.2**に示します。x の範囲が 0〜5 で，exp コマンドの入力引数が (-x) ですので，第一象限に指数減衰の曲線が描かれます。exp コマンドの入力引数をいろいろ変更してグラフがどのように描かれるか確認してください。

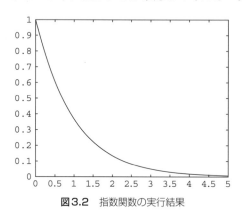

図3.2 指数関数の実行結果

〔**3**〕 対 数 関 数

```
1  clear;clc;
2  x = 0:0.01:2;          % 横軸を 0.01 刻みで，0〜2 までとする
3  y = log(x);            % 対数関数
4  plot(x,y,'k')          % 対数関数のグラフ表示
```

　プログラムの実行結果を，**図3.3**に示します。$x = 1$，$y = 0$ の座標を通過していることが見て取れます。ここでは自然対数を実行していますが，対数関数には以下の3種類がありますので注意してください。

　　　log：e を底とする対数（自然対数）

　　　log10：10 を底とする対数（常用対数）

　　　log2：2 を底とする対数

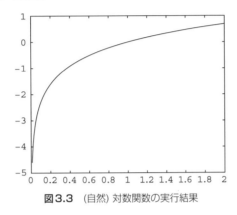

図3.3　（自然）対数関数の実行結果

　〔**4**〕　**複　素　数**　　MATLAB では**複素数**も簡単に扱うことができます。実部と虚部も別々に考える必要はなく，一つの複素数をスカラー値として扱います。例えばつぎの複素数 z があるとき

$$z = 3 + 4i \tag{3.1}$$

実部は real，虚部は imag で得ることができ

```
>> z = 3 + 4i;
>> real(z)

ans =

     3

>>
>> imag(z)

ans =

     4

>>
```

となります。また複素数の大きさは実部の二乗と虚部の二乗の和の平方根，つまり $\sqrt{3^2 + 4^2} = 5$ であり，これは絶対値 abs で計算され

```
>> z = 3 + 4i;
>> abs(z)

ans =

     5

>>
```

となります。この絶対値は複素数だけでなく，整数にも適用可能です。

3.2   オリジナルのコマンドをつくってみよう

　これまで紹介したコマンドは MATLAB に備わっているコマンドで，よく使うコマンドばかりを選びました。しかし MATLAB では自分のオリジナルのコマンドをつくり，あたかも備えつけのコマンドのように利用することができます。ここでは，この自分だけのコマンドのつくり方を例題 3.1 を用いて解説します。

例題 3.1　与えられた配列内の要素の平均値を計算し返すコマンドをつくりなさい。

【解答＆解説】　コマンドのつくり方の流れは以下のようになります。

1.　コマンドの名前を考えます。
　　　例えば test とします。すでに MATLAB に備わっているコマンド名は混乱しないためにも避けます。
2.　オリジナルコマンド用のプログラムを function で始め，その後にコマンド名と引数を書きます。
　　　具体的には，function b = test(a) のように書きます。a は入力引数，b は出力引数です。
3.　必要な処理を function の行の下に書きます。
　　　例えば，b = mean(a); のように書きます。平均の処理のコマンドを新たにつくるのに，mean というコマンドを使っていますが，ここでは簡潔にするためにそのようにしています。
4.　以上を書いたファイルをコマンド名と同じ名前のファイルとして保存します。
　　　ファイルの拡張子を.m として，test.m として保存してください。

以上をまとめると，"test.m" ファイルは以下の 2 行になります。

```
1  function b = test(a)
2  b = mean(a);
```

◆

これで MATLAB のカレントディレクトリが，この "test.m" ファイルが保存されているディレクトリと同じであれば（もしくはパスが通っていれば（別途マニュアルを参考にしてください）），コマンドウィンドウで以下のような計算が可能になります。

```
>> s = [1 2 3 4 5];
>> test(s)

ans =

        3

>>
```

繰り返すものもありますが，オリジナルコマンドをつくる際には以下のような注意点があります。

オリジナルコマンド作成の注意点

- つける名前が，MATLAB にそもそも備わってないか？
    - → この場合，例えば mean.m のようなコマンド名は避けます。
- オリジナルコマンドのプログラム内で使う変数はそのプログラムの中だけで通用する。
    - → オリジナルコマンド中の変数 a や b はコマンドウィンドウでは，新しい変数として認識されます。つまり，オリジナルコマンドのプログラム内で使われた変数はコマンドウィンドウでは見ることができません。
- いまつくったコマンド test.m では，入力引数は配列のみ対応でき，行列では動作しない。
    - → どのような入力引数に対しても対応できるようにするかどうかは自分しだいです。必要に応じて対処をしてください。

例題 3.1 で示した test.m は，中で mean コマンドを使っているので，本質的には意味がなく，最初から mean コマンドを使えばよいのはおわかりの通りです。そこで中で mean コマンドを使わない平均を計算するコマンド（test2.m）の例を以下に示しておきます。

```
 1  function b = test2(a)
 2  d=0;                            % 初期値 d を用意

 3  if size(a,1) == 1 || size(a,2) == 1   % a の行，または列のサイズが 1 なら
 4        for k = 1: length(a)            % a の長さ分 for ループを計算
 5              d = d + a(k);             % a の要素を変数 d に足しこんでいく
 6        end
 7        b = d/length(a);                % for の後に a の長さで割り平均を計算
 8  else
 9        b = [];                         % もし a が配列でなければ，空を返す
10  end
```

もし，入力引数，出力引数を増やしたい場合は function 以下をつぎのようにします。

```
function [d,e,f] = test3(a,b,c)
```

出力引数は [ ]，入力引数は ( ) を使うと，それぞれの引数の数を増やすことができます。

—— 演 習 問 題 ——

【3.1】 A = [1 2; 3 0]; B = [4 2; 1 1]; のとき，A*B, A.*B を求めなさい。

【3.2】 A = [1 2; 3 0]; のとき，A^2 と A.^2 を求めなさい。

【3.3】 A = [1 2 3; 4 5 6]; としたときの A(2,2), A(2,3), A(3,2), A(:,1), A(:,2), A(:,3), A(1,:), A(2,:), A(3,:), A(:,:), A(:) の値をそれぞれ求めなさい。ただし，問題にはエラーが出るものも含まれる。エラーの場合はエラーが出る理由を書きなさい。

【3.4】 A = zeros(2,3); および，B = ones(3,2); によって生成される行列 A，B がどのような行列か書きなさい。

【3.5】 実数 a に対し，a を超えない最大の整数を与えるコマンド，a を超える最小の整数を与えるコマンド，a を四捨五入した整数を与えるコマンドをそれぞれ書きなさい。

【3.6】 z = 4-3*i; としたとき，real(z), imag(z), abs(z) の値を示しなさい。

【3.7】 (1+i)^2 の値を示しなさい。

【3.8】 問題【3.7】を踏まえて，sqrt(2*i) の値を示しなさい。

【3.9】 log10(0.01) を計算しなさい。

【3.10】 exp(2*log(3)) を計算しなさい。

【3.11】 つぎの関数を定義（kansu.m として保存）して，n = kansu(3); としたとき，n の値を求めなさい。

```
function y = kansu(x)
if x < 1
  y = 100;
else
  y = kansu(x-1) + x;
end
```

4

レポートや論文でも使えるグラフ表示
― plotのワザを習得！―

　　自分で計算した結果，変数がどういう値を持っているかを確認するために，MATLAB の plot コマンドはとても有益で，このグラフ表示の手軽さが MATLAB の一つの大きな特長です。しかし自分でデータを確認するためだけでなく，グラフは結果をまとめて他人に伝える方法として今も昔もとても重要です。本章では MATLAB で他人に見せるグラフを作成する方法を紹介し，最終的にレポートや論文でも使えるグラフ表示の方法を習得することを目標とします。

ゴール　自分が見てわかるだけでなく，他人に見せられるグラフ作成ができるようになる！

4.1　これまでのplotコマンドの使い方とより正確な表示方法

4.1.1　plot(x,y) に慣れよう

　1～3章では，計算した結果をグラフ表示するには，MATLAB には plot コマンドというものがあるのでこれを使ってください，ということで話を進めてきましたが，本章ではより正確に plot をすることで，他人に見せられる品質のグラフ表示を行うことを目標にします。

　例えば，以下の例を見てください。単純な $y = x$ のグラフ表示です。

```
1  x = -5:5;
2  y = x;
3  plot(y)
4  grid
```

この例をそのまま実行すると，**図4.1**のグラフが得られます。grid コマンドは，グラフの目盛を表示させるコマンドです。grid は，grid on と同じ意味で目盛を表示させるとき，grid off は一度表示させた目盛を非表示にするときに使います。

　このグラフ表示結果では，$y = x$ は直線であることはわかりますが，本当に $y = x$ かというと厳密には違うということはわかりますか？　単純に原点を通っていませんね。これを修正して，正真正銘 $y = x$ のグラフと言うための plot はどうすればよいでしょうか？　その例をつぎに示します。

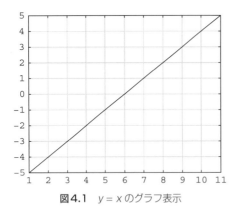

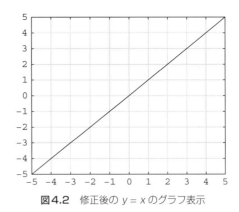

図4.1　$y = x$ のグラフ表示　　　　　図4.2　修正後の $y = x$ のグラフ表示

```
1  x = -5:5;
2  y = x;
3  plot(x,y)
4  grid
```

plot の使い方が微妙に変わった点が唯一変更された箇所です。このプログラムによる $y = x$ のグラフ表示結果は**図4.2**のようになります。

今度はきちんと原点を通る $y = x$ になっています。plot(x,y) とし x 軸を含めることで，x と y の対応がなされ，原点を通る $y = x$ となりました。

4.1.2　グラフの表示範囲を意識しよう

では試しに $y = \log(x)$ のグラフを，plot(y) と plot(x,y) の両方を試すことで，その違いを見ておきましょう。使用するプログラムはつぎのようになります。

```
1  clear;clc;
2  x = 0:0.01:5;
3  y = log(x);
4  plot(y)
5  grid
6  figure
7  plot(x,y)
8  grid
```

この例のプログラムをそのまま実行すると，**図4.3**と **4.4** のように，二つのフィギュアウィンドウが表示されたと思います。一つ目の plot(y) コマンドでグラフとともにフィギュアウィンドウが表示された後，グラフ表示が上書きされるのを避けるために figure コマンドを使用して，もう一つのフィギュアウィンドウを表示させました。そして，その二つ目の

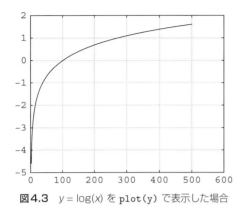

図4.3　$y = \log(x)$ を plot(y) で表示した場合

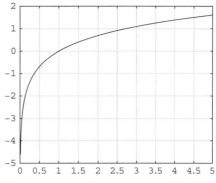

図4.4　$y = \log(x)$ を plot(x,y) で表示した場合

フィギュアウィンドウに plot(x,y) の表示を行いました。このように，figure コマンドは新規にグラフ表示をするためのフィギュアウィンドウを立ち上げるためのコマンドです。

　さて実行結果のグラフは，予想通りになりましたか？ plot(x,y) とすることで，x 軸と y 軸の関係は望んだ通りになっており，$x = 1$ のときに $y = 0$ となっていますね。しかし，少し注意しておきたいことがあります。図 4.4 の場合，plot(x,y) としたことで，x 軸の範囲が変数 x が持つデータの上限（つまりこの場合は 5）で終わっているのに対し，図 4.3 の場合は x 軸の範囲は，変数 y のデータサイズ（つまりこの場合は 501 点）を上回る，きりのよい 600 点で終わっています。これは MATLAB が，データが存在する範囲に自動的に表示を設定しているからです。便利な機能でもあるわけですが，複数の図を比較する場合などには，同じ軸の範囲に設定しておくことは大切です。MATLAB にはこのような場合にとても便利なコマンドがあります。つぎに示すコマンドをコマンドウィンドウに入力して，グラフの表示範囲が変化することを確認してみてください。

```
>> xlim([-1 5]);      % x 軸の範囲を変更するコマンド（表示範囲は −1〜5）
>> ylim([-2 2]);      % y 軸の範囲を変更するコマンド（表示範囲は −2〜2）
```

この xlim と ylim コマンドによって，それぞれ x 軸，y 軸のグラフの表示範囲を指定して変更することができます。この例では，xlim([-1 5]) と入力することで，x 軸の表示範囲が −1〜5 となり，ylim([-2 2]) と入力することで，y 軸の表示範囲が −2〜2 となったはずです。

　またこの二つのコマンドを一度に行うコマンドとして，axis というコマンドがあります。先の xlim と ylim コマンドで変更した範囲となるよう，axis コマンドを使って同様のことを行うと

```
>> axis([-1 5 -2 2]);      % x 軸と y 軸の範囲を同時に変更するコマンド
```

となります。axis コマンドの最初の二つの値が x 軸，残りの二つが y 軸の範囲になります。

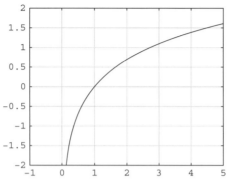

図4.5　axis コマンドで表示範囲を指定した
$y = \log(x)$ のグラフ表示結果

図 4.4 のグラフ表示に対して，axis コマンドで表示範囲を変更した結果を**図4.5**に示します。

plot(x,y) を使った場合にも，確実にグラフの範囲を指定するほうが間違いがないです。提出用のグラフ表示をする際には，忘れずに範囲をきちんと指定するようにしましょう。

4.2　グラフをもっとデコレーションしよう

他人に見せるためのグラフの完成には，じつはまだやらなくてはならないことがあります。例えば，実験結果の一枚のグラフ中に表示される曲線や直線が一つだけということは，むしろ稀です。複数の曲線や直線がある場合は，色を変えたり，破線を使ったりと，正確にその意味を伝えるための工夫が必要になります。本節では，さまざまな装飾を施すことでより伝わるグラフ表示ができるようになることを目指します。

4.2.1　線の種類とマーカー

これまで使ってきた plot コマンドをそのまま使用すると，自動的に画面上では「青色の実線」でグラフが描かれていたと思います。しかし同じグラフ内に，例えば「青色の破線」を描く場合はどうすればよいでしょうか？　方法は単純です。つぎに示す書き方が一般化したものとなります。

```
>> plot(x,y,' 線種のオプション')
```

この**線種のオプション**を'--' とすることで破線となります。すなわち

```
>> plot(x,y,'--')        % x 軸を指定して，データ y を破線で plot
```

とすることで破線でグラフが描けるはずです。一度，4.1.2 項で対数関数を描いた際の plot

を上記の方法で描き直してみてください。破線となるはずです。この線種のオプションはほかにもさまざま用意されており，点線や一点鎖線などいくつかの**線のスタイル**を指定することができますし，**マーカー**や**線の色**もこの「線種のオプション」にて指定できます。マーカーというのは，データ点に印（例えば，○や＋などの記号）を置き，グラフを特徴づける効果をもたらすものです。線のスタイル，マーカー，線の色のオプション各種を**表4.1**にまとめます。

表4.1　線種のオプションまとめ

分　類	線種のオプション	説　明	実行結果
線のスタイル	指定なし or '-'	直　線	———————
	'--'	破　線	— — — —
	':'	点　線	‥‥‥‥‥‥‥
	'-.'	一点鎖線	—・—・—・—
マーカー	'+'	プラス記号	++++++++++++
	'*'	アスタリスク	************
	'x'	x 印（アルファベットの x）	××××××××××××
	'o'	丸印（アルファベットの o）	○○○○○○○○○○○○
	's'	四　角	□□□□□□□□□□□□
	'd'	ひし形	◇◇◇◇◇◇◇◇◇◇◇
	'^'	上向き三角	△△△△△△△△△△△
	'v'	下向き三角（アルファベットの v）	▽▽▽▽▽▽▽▽▽▽▽
	'>'	右向き三角	▷▷▷▷▷▷▷▷▷▷▷
	'<'	左向き三角	◁◁◁◁◁◁◁◁◁◁◁
	'p'	五角形	★★★★★★★★★★★
	'h'	六角形	✩✩✩✩✩✩✩✩✩✩✩
線の色	'c'	シアン	
	'm'	マゼンダ	
	'y'	黄	
	'r'	赤	
	'g'	緑	
	'b'	青	
	'w'	白	
	'k'	黒	

　これらの線種のオプションは同時に使用することができます。例えば，赤色破線で，マーカーとして○印を使う場合

```
>> plot(x,y,'r--o')
```

と書くことができます。線種のオプションは，どの順番で書いても動作します。ただし注意したいのは，マーカーの指定をして，線のスタイルを指定しないと，マーカーのみでグラフ

が描かれる点です。つまり

```
>> plot(x,y,'ro')
```

とするとグラフが赤で○印のマーカーのみで描かれます。

4.2.2　横軸・縦軸のラベル，グラフのタイトル

　グラフ表示に欠かせないものに，横軸のラベル，縦軸のラベル，グラフのタイトルがあります。せっかくわかりやすくグラフを描いても，横軸，縦軸がなにを意味するのか，が示されていないとグラフとは呼べません。MATLAB ではこれらも簡単に表示できます。つぎのプログラムでは対数関数のグラフに横軸・縦軸のラベル，タイトルをつけてみます。

```
1  clear;clc;
2  x = 0:0.01:5;
3  y = log(x);
4  plot(x,y)
5  grid
6  xlabel('X-axis')
7  ylabel('Y-axis')
8  title('y=log(x)')
```

　上記のプログラムで表示したグラフを**図4.6**に示します。プログラム中の最後の3行がそれぞれ，**横軸のラベル，縦軸のラベル，グラフのタイトル**となります。グラフにつけたラベルやタイトルを見るとわかると思いますが，そのままつけるととても表示が小さくなり，見にくいことが多いです。ですので，実験レポートや論文に MATLAB のグラフを使用する際には，このラベルやタイトルのフォントの大きさを適切に設定したほうがよいです。つぎのように FontSize オプションを入力すれば，フォントの大きさを変更すること（この場合は12 に）ができます。

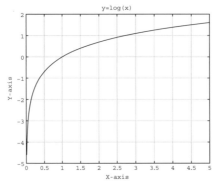

図4.6　横軸・縦軸のラベル，タイトルをつけた
　　　　グラフの一例

```
>> xlabel('X-axis', 'FontSize', 12);
>> ylabel('Y-axis', 'FontSize', 12);
>> title('y=log(x)', 'FontSize', 12);
```

先のプログラムを修正して，フォントの大きさを変えて見やすさを確認してみてください。

さてラベルとタイトルに関して，もう一つだけ示しておきたいものがあります。先の例では，タイトルに数式が使われましたが，MATLAB は **LaTeX フォーマット**と非常に親和性が高く，タイトルやラベルで数式を書く場合や，その他のさまざまな場面にて，数式を LaTeX フォーマットで書くことが可能です。例えば，先ほどのタイトルをデフォルトの場合と，LaTeX フォーマットの場合とで比較した参考例を**図4.7**に示します。その違いは明らかだと思います。

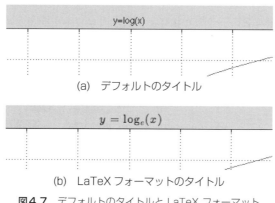

(a) デフォルトのタイトル

(b) LaTeX フォーマットのタイトル

図4.7 デフォルトのタイトルと LaTeX フォーマット
のタイトルの比較

LaTeX フォーマットの書き方に親しんでいない方には，意味がわからないと思いますが，いずれ使うこともあるかもしれないということで，このタイトルを LaTeX フォーマットでどのように書いたのかだけを示しておきます。

```
>> title('$$y=\log_{\;e}(x)$$','FontSize',16,'interpreter','latex');
```

となります。

4.2.3 片対数グラフと両対数グラフ

これまで扱ってきたグラフの軸は，横軸も縦軸もいつも線形軸でした。しかし，理工系で扱うグラフはそれだけではありません。横軸あるいは縦軸を対数軸にした**片対数グラフ**，横軸と縦軸の両方を対数軸にした**両対数グラフ**などがあります。これらのグラフも MATLAB では簡単に描くことができます。4.2.2 項で描いた対数関数をここでは，横軸を対数にした片対数グラフで表してみましょう。

```
1  clear;clc;
2  x = 0:0.01:5;
3  y = log(x);
4  semilogx(x,y)
5  grid
6  xlabel('X-axis','FontSize',12)
7  ylabel('Y-axis','FontSize',12)
8  title('y=log(x)','FontSize',12)
```

　このプログラムを実行すると得られるグラフは**図4.8**になると思います。横軸を対数軸と
したグラフを描く際に，プログラム中にもありますが，これまで使ってきた plot コマンドで
はなく，その代わりとして semilogx というコマンドを使用しています。使い方は plot コ
マンドと同様です。**表4.2**に三つの対数グラフ表示のコマンドをまとめておきます。ちなみ
に $y = \log(x)$ のグラフの横軸を対数表示にすると直線になるということは理解できますか？

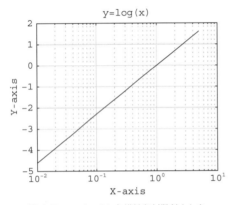

図4.8　$y = \log(x)$ を横軸を対数軸とした
片対数グラフとして表示した例

表4.2　対数グラフ表示に関するコマンド

コマンド	説　明
semilogx	横軸を対数とした片対数グラフ
semilogy	縦軸を対数とした片対数グラフ
loglog	横軸と縦軸の両方を対数とした両対数グラフ

4.3　フィギュアウィンドウの扱い方

　グラフ表示をわかりやすくするための装飾はここまででほぼ扱ってきたと思います。ここ
ではまず，フィギュアウィンドウの作成と消去という，ちょっとした使える小技を紹介しま
す。そして，比較的利用頻度の高い，一つのフィギュアウィンドウ内に複数のグラフ範囲を
作成する方法について説明します。

4.3.1　フィギュアウィンドウの作成と消去
　これまではコマンドウィンドウやエディタで，グラフを表示したい場合はとにもかくにも

plot コマンドを使ってきたと思います。その後，別のグラフを plot しようとしたとき，いま表示しているグラフをキープしたまま，もう一つ別のウィンドウでグラフを表示したいと思ったことがあるでしょう。これを叶えるのが，figure コマンドです（4.1.2 項参照）。この figure コマンドはフィギュアウィンドウを新しく立ち上げるためのコマンドです。これまでのように，画面上にフィギュアウィンドウが無い状態で plot コマンドを使った場合でも，フィギュアウィンドウが立ち上がり，グラフ表示がされますが，それは実際には plot コマンドの前に自動的に figure コマンドが実行されている，と考えるとわかりやすいのではないでしょうか？

　また卒論などで規模の大きいプログラムを作成した場合に，多くのフィギュアウィンドウを一度に画面上に表示したいという場合があります。そういう場合に便利なのが，figure(n) という書式です。例えばこの書き方で，n に数字の 2 をいれた figure(2) を実行し，フィギュアウィンドウを立ち上げると，フィギュアウィンドウのバー上に "Figure 2" と表示されたフィギュアウィンドウが立ち上がります。つまり番号を指定したフィギュアウィンドウを立ち上げることができるわけです。こうすることによって，画面上に似たようなグラフがたくさんある場合に混同しないようにすることができます。

　つぎにフィギュアウィンドウの消去についてです。フィギュアウィンドウを画面上から消去する（閉じる）には，ウィンドウの閉じるボタンをマウスでクリックすれば済む話ですが，プログラム上で不必要なフィギュアウィンドウを消去したいという場合があります。その場合，プログラム中でもコマンドウィンドウでも使えるコマンドとして close コマンドがあります。基本的に close コマンドを使うと，一番最後にアクティブになった（マウスで触った）フィギュアウィンドウが閉じられることになります。

　また figure コマンドと同様に，close(n) とすることで，フィギュアウィンドウの番号を指定して閉じることもできます。それに加え，最もよく使うことになるかもしれない，close all というコマンドがあります。これは，読んで字のごとく，画面上のすべてのフィギュアウィンドウを一度に閉じてしまうコマンドです。以上の小技を**表4.3**にまとめます。

表4.3　フィギュアウィンドウに関するコマンド

コマンド	説　明
figure	新たにフィギュアウィンドウを立ち上げる
figure(n)	番号を指定してフィギュアウィンドウを立ち上げる
close	一番最後にアクティブになったフィギュアウィンドウを閉じる
close(n)	番号を指定してフィギュアウィンドウを閉じる
close all	画面上のすべてのフィギュアウィンドウを一度に閉じる

4.3.2　一つのフィギュアウィンドウにいくつものグラフを描く

　ここで言うところの，「一つのフィギュアウィンドウにいくつものグラフを描く」とは，hold

on コマンドでグラフを重ね描きすることとは意味が違います。一つのフィギュアウィンドウ内に，複数のグラフ領域を確保し，いくつかのグラフを別々に描くことを意味しています。例としてつぎのプログラムを実行してみてください。

```
1  clear;clc;
2  subplot(2,1,1)
3  plot(0:0.01:5,log(0:0.01:5),'k')
4  xlim([-5 5])
5  grid; xlabel('x-axis'); ylabel('y-axis'); title('y=log(x)')

6  subplot(2,1,2)
7  plot(-5:0.01:5, exp(-5:0.01:5),'k')
8  axis([-5 5 -5 5]);
9  grid; xlabel('x-axis'); ylabel('y-axis'); title('y=exp(x)')
```

すると，結果のグラフは**図4.9**のようになります。

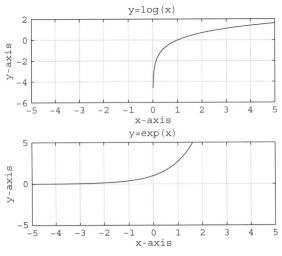

図4.9 一つのフィギュアウィンドウを
上下に分割しグラフを表示した一例

　注目したいのは，subplot コマンドです。このコマンドは実際にグラフをプロットするためのコマンドではないことがポイントです。実際のグラフのプロットは，プログラム例を見るとわかるように，その直後の plot コマンドが行っています。ではその subplot コマンドはなにをしているかと言いますと，一つのフィギュアウィンドウをどのように分割し，グラフ領域を作成するかを決めています。プログラム例にある subplot(2,1,1) と subplot(2,1,2) は，フィギュアウィンドウを上下に二分割しています。つまり「2行1列」に分割しています。これらをより一般化したフィギュアウィンドウの分割として示すと，例えば subplot(2,2,k) の場合，フィギュアウィンドウを「2行2列」に分割します。**図4.10**に示すように，subplot(2,2,k) で

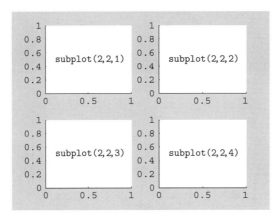

図4.10 subplot(2,2,k) による
フィギュアウィンドウの分割

フィギュアウィンドウを分割する，つまり具体的には，subplot(2,2,1) や subplot(2,2,2)
といったコマンドでフィギュアウィンドウを分割すると，subplot(2,2,1) は四つのグラフ領
域の一つ目，subplot(2,2,2) はその二つ目を指定するということを意味します。subplot
コマンドを使えば，フィギュアウィンドウはかなり細かく分割することが可能ですが，やは
り見やすさを大切にしたうえで，分割することが重要です。

4.4　ほかにもあるグラフプロット

MATLAB には，ほかにもいくつかの有益なグラフ表示があります。例えば，棒グラフや
円グラフも描くことが可能です。しかしここでは，MATLAB が得意とするグラフプロット
の二つを追加して示します。

4.4.1　離散信号を示すなら stem プロット

一つ目の特徴的なグラフ表示コマンドとして，stem というコマンドがあります。これはあ
る波形信号を，データが存在する点を視覚的に特徴づけて表示する際に便利です。具体的に
は，離散的な信号を表示する際によく使われます。使い方は非常に単純で，plot コマンドと
置き換えることで使えますので，シンプルなプログラムとその結果を**図4.11**に紹介します。

```
1   clear;clc;
2   x = 0:0.1:2*pi;
3   y = sin(x);
4   stem(x,y,'k')
```

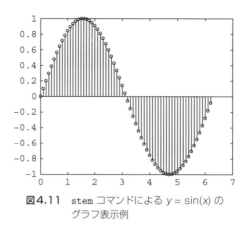

図4.11 stem コマンドによる $y = \sin(x)$ の
グラフ表示例

4.4.2 ヒストグラムも簡単に表示できる histogram コマンド

　さまざまなデータをヒストグラムとして表示することは，統計学的な分析として非常に基本的なことです。そのヒストグラムの表示は，histogram コマンドで簡単に行うことができます。つぎのプログラム例では，正規分布に基づいた乱数を発生させるコマンド randn を使い，その乱数のヒストグラムを**図4.12**に表示してみます。

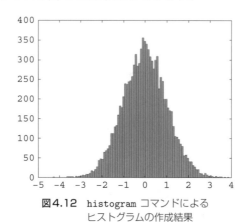

図4.12 histogram コマンドによる
ヒストグラムの作成結果

```
1  clear;clc;
2  a = randn(1,10000);
3  histogram(a,100);
```

　まず2行目で，randn コマンドを使い，正規分布に基づいた乱数を1万点生成しました。この乱数がどういう分布になっているか（当然，正規分布になるわけですが）をつぎの histogram コマンドでヒストグラムを表示して確認をしています。histogram コマンドの二つ目の引数を 100 としているのは，図 4.12 の横軸を 100 分割してヒストグラムを作成することを意味しています。

—— 演 習 問 題 ——

【4.1】 z = 1+i; n = 0:3; x = z.^n; とした。plot(x,'o'); axis([-3 3 -3 3]); grid; とし
たときのグラフがどうなるか描きなさい。

【4.2】 あるベクトル x の波形のグラフを plot(x,'??') によって表示する。このとき，??には，'r'，
'g'，'b'，'k' などの (A) や，'o'，'x'，'+'，'*'，'s' などの (B)，'-'，':'，'--'，'-.'
などの (C)，あるいはその組合せの'ro--' などの指定ができる。
(A)〜(C) に入る適切な語句をリストから選ぶとともに，ここで示した'r'，'g' や'o'，':'
などの意味をすべて答えなさい。
〈語句リスト〉線種，マーカー，色

【4.3】 あるベクトル a の波形を，黒色の破線で描くとともに，データ点に×印のマーカーを付けた
い。どのようなコマンドを書けばよいか答えなさい。

5

2Dから3Dへ
― おしゃれな3D曲面も描ける ―

　　二次元（2D）のグラフを描くのも MATLAB が得意とすることですが，三次元（3D）の
グラフを描くのも比較的簡単に行うことができます。本章では，3D グラフ表示の基本を示
すことで，自分で計算した結果を 3D 表示できるようになることが目標です。数多くの細か
な設定もありますが，ここではその基本のみを抽出して示します。細かな設定は各自マニュ
アルやヘルプを使って，トライしてみてください。

　　ゴール　3D グラフを描けるようになる。その際に，plot3 なのか，mesh なのか，それ
とも surf なのか，表示したい関数などをよく考えて選択できるようになる！

5.1　3D は 2D の延長？

　本章では 3D（三次元）のグラフ表示を行っていきます。最初に意識して頂きたいのは，ど
んなグラフも 3D で表示すればよいというわけではないということです。3D にすることで，
逆にわかりにくいグラフになったり，見えづらくなったりする場合があります。描こうとし
ているグラフでなにを伝えたいのか，伝えたいことはどうすれば伝えられるのかをよく考え，
必要ならば 3D グラフを使うように心がけることが大切です。

5.1.1　まずは 2D を復習しながら 3D にしてみる

　これまで行ってきた 2D（二次元）のグラフ表示を復習がてら，つぎのプログラムを実行し
てみましょう。

```
1  clear;clc;
2  x = 0:0.01:4*pi;
3  y = sin(x);
4  z = cos(x);
5  subplot(2,1,1)
6  plot(x,y);grid;
7  subplot(2,1,2)
8  plot(x,z);grid;
```

すると，**図5.1**のグラフが表示されますね。ここまではよいと思います。

ここで，表示したフィギュアウィンドウのアイコンを**図5.2**に示しますが，このうちの左か

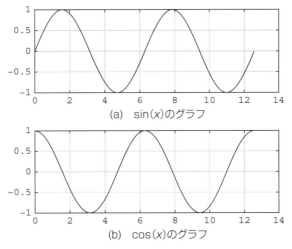

(a) sin(x)のグラフ

(b) cos(x)のグラフ

図5.1　単純な sin(x) と cos(x) のグラフ表示

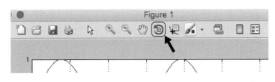

図5.2　グラフを 3D 回転させるアイコン

ら9番目のアイコン（矢印が円状になっているもの）を選択し，マウスカーソルをフィギュ
アウィンドウのグラフ上に持っていき，クリックしたまま動かすと表示がグルグルと回転し
ます。

　このアイコンを使って図 5.1 の sin(x) と cos(x) を回転させてみると，**図5.3**のようになり

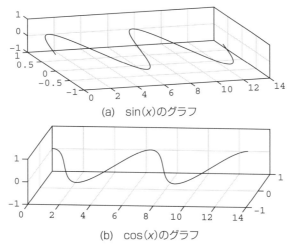

(a) sin(x)のグラフ

(b) cos(x)のグラフ

図5.3　図 5.1 の sin(x) と cos(x) のグラフを
3D 回転させた結果

ますね。

　このようにグラフをグルグルと回転させるとよくわかりますが，2D のグラフは三次元空間の中のグラフ，つまり 3D のグラフとしてみなせるということです。もっと言うと，MATLABで扱う次元は基本三次元で，二次元はその中の二つを使っているに過ぎないということです。ですので，いきなり 5.1 節タイトルの答えになりますが，「3D は 2D の延長」というよりはむしろ，「2D は 3D の一部」と捉えたほうが断然スッキリとします。

5.1.2　3D グラフ描画の plot3 を使ってみる

　先ほどのプログラムでは，x と y の関係と，x と z の関係をそれぞれ subplot を使って上下に表示しました。二つのグラフで x が共通していることからもわかるように，じつはこの三つを同時に三次元プロットすることが可能です。ではつぎにそのプログラムを示します。

```
1   clear;clc;
2   x = 0:0.01:4*pi;
3   y = sin(x);
4   z = cos(x);
5   plot3(x,y,z);
6   grid;
7   hold on
8   plot3(0,0,1,'x','MarkerSize',16)      % グラフのスタート地点 (0,0,1) に×印を描く
9   xlabel('x','FontSize',14)
10  ylabel('y=sin(x)','FontSize',14)
11  zlabel('z=cos(x)','FontSize',14)
```

これを実行すると**図5.4**のようにグラフが描かれます。

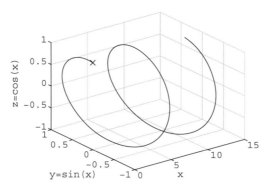

図5.4　図 5.1 の x と $\sin(x)$ と $\cos(x)$ を
同時に 3D 表示させた結果

　このプログラムの中で重要なコマンドは，plot3 です。先にも書きましたが，一つ目の plot3 コマンドでは，y が x の関数で，z も x の関数であるので，x に対する y と z を同時に plot3 コマンドでグラフ表示しています。また，二つ目の plot3 コマンドでは，x=0, y=0, z=1 となる三次元空間内の座標（曲線のスタート地点）に×印を表示しています。オプションとして MarkerSize が設定されていますが，これは FontSize と同様にマーカーの表示サイズを変更するためのものです。

　このグラフも図 5.2 に示した「3D 回転させるアイコン」を使えば，任意の視点からの表示に変更することができます。しかし，とりわけこの角度から見たいということであれば，その視点の位置を設定するコマンドとして view が用意されています。まず，現在表示しているグラフの視点の座標を得るには，適当な変数（ここでは a と b）を使い

```
>> [a,b] = view

a =

      322.5000

b =

      30

>>
```

とすることで，二つの値を得ることができます。ここで，a は「回転角度」，b は「仰角」です。ちなみにいま得られた二つの値 322.5000 (= -37.5) と 30 は，3D のグラフを表示させたときの回転角度と仰角のデフォルトの値です。このデフォルトの値から変更するには，同じく view コマンドでつぎのように入力することで変更することができます。

```
>> view(-20,30)      % 仰角を変えずに視点が少し右にまわる
>>
>> view(-10,30)      % さらに視点が少し右にまわる
>>
>> view(0,30)        % cos 関数のようなものが見えるはず
>>
>> view(0,0)         % さてどういうものが見えるのか確かめてください
>>
```

つまり

```
view(回転角度，仰角)
```

となっていますので，自由に角度を変更して，希望するグラフを描きましょう。

5.2　線 か ら 面 へ

　これまでの 3D グラフ表示では，定義された変数 x，y，z に対して plot3 を使うことで，

三次元空間内における「点の集合」，つまり「線」として描画を行ってきました。繰り返しますが，先の例では以下に示す通り

```
x = 0:0.01:4*pi;        % 直線
y = sin(x);             % サイン関数
z = cos(x);             % コサイン関数
```

でした。しかし，z が x と y の 2 変数による場合にはどうなるのでしょうか? 本節ではこの z が 2 変数の場合について考えていきます。

5.2.1 曲面表示の mesh と surf

この z が 2 変数の場合というのは，言い換えると $z = f(x, y)$ のような関数の場合です。より具体的なイメージを持つために，ここでは $z = x^2 + y^2$ をグラフ化することを考えてみます。この段階でイメージは持てるでしょうか?

結論から言いますと，$z = x^2 + y^2$ の場合，z は x と y がそれぞれが取りうるすべての値に対して計算される必要があります。つまり，例えば $x = 0$ と決めた場合でも，y の値はどんな値も取りうるわけです。もう少し言うと，$x = 0$ の場合には，$y = 0$ に対する z を計算する必要がありますし，$y = 1$ に対する z も計算する必要があるわけです。

図5.5に例を示しますが，結果的に $x - y$ 平面を格子状に切った，「交点」一つひとつに対して z が計算される必要があるわけです。もちろん，これは $x - y$ 平面の有限の範囲内での話で，無限に広がる空間に対して計算することはできませんし，また無限に細かい間隔で交点を準備することも不可能です。したがって，グラフを表示したい範囲を設定し，どういう間隔で交点を準備するのかをまず最初に決める必要があります。これを行うコマンドに meshgrid があります。

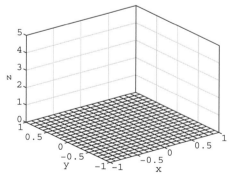

図5.5 $x - y$ 平面を 0.1 間隔で格子状に
分割した様子を表した模式図

　では，まず実際にこの meshgrid コマンドを使ってみましょう。図 5.5 よりも交点の間隔
は粗くなりますが，つぎのようにコマンドを実行してみてください。

```
>> [x,y] = meshgrid(-1:0.5:1)

x =

    -1.0000    -0.5000         0    0.5000    1.0000
    -1.0000    -0.5000         0    0.5000    1.0000
    -1.0000    -0.5000         0    0.5000    1.0000
    -1.0000    -0.5000         0    0.5000    1.0000
    -1.0000    -0.5000         0    0.5000    1.0000

y =

    -1.0000    -1.0000    -1.0000    -1.0000    -1.0000
    -0.5000    -0.5000    -0.5000    -0.5000    -0.5000
         0         0         0         0         0
    0.5000    0.5000    0.5000    0.5000    0.5000
    1.0000    1.0000    1.0000    1.0000    1.0000

>>
```

このように meshgrid(-1:0.5:1) を実行すると，x と y は同じ平面の範囲（−1〜1）で，0.5
間隔で作成されます。そして出力された x と y の行列の各要素を対応させながら眺めると，
各行と各列の要素が $x-y$ 平面の座標になっていることがわかると思います。つまり，1 行 1
列目は $(x, y) = (-1, -1)$ であるし，3 行 3 列目は $(x, y) = (0, 0)$ で平面の原点を表していま
す。ここで確認のために，図 5.5 と同様の交点の様子を**図 5.6** に示します。

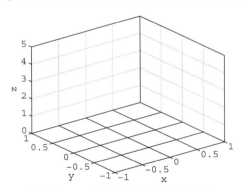

図 5.6　$x-y$ 平面を 0.5 間隔で格子状に
分割した様子を表した模式図

少し話を戻して，交点の間隔を 0.1 にして，先に例として示した関数，$z = x^2 + y^2$ を描画
しようと思います。

```
1  clear;clc;
2  [x,y] = meshgrid(-1:0.1:1);
3  z = x.^2+y.^2;
4  mesh(x,y,z)
```

このプログラムを実行すると，**図5.7**のように多数の曲線による曲面 z が表示されます。実際はカラーで表示されますので，ぜひ一度プログラムを実行してみてください。meshgrid コマンドで作成した x と y に対して（つまり作成した $x-y$ 平面に対して），$z = x^2 + y^2$ を計算し，それらを mesh コマンドで描画するだけの非常にシンプルなプログラムです。

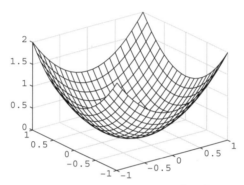

図5.7 mesh コマンドによる $z = x^2 + y^2$ の
3D グラフ表示

また，上のプログラムの mesh コマンドを単純に surf コマンドに置き換えると，**図5.8** のグラフを描くことができます。図5.7 と 5.8 を比較するとその違いに気づくと思いますが，図5.8 では z の値に応じて各面に色が割り当てられ，面によって曲面が表示されます。

surf コマンドには，グラフ描画の表示オプションとして**表5.1**に示すような shading というコマンドがあります。必要に応じて利用してください。

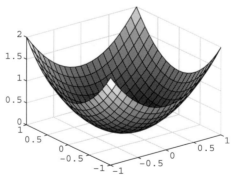

図5.8 surf コマンドによる $z = x^2 + y^2$ の
3D グラフ表示

表5.1 surf のオプションコマンド

コマンド	説　明
shading('flat');	グリッド線を非表示
shading('interp');	曲面を滑らかに表示
shading('faceted');	デフォルトのグリッドを表示

また，これまでの mesh と surf コマンドの使い方とまったく同様に，meshc と surfc というコマンドを使うと，$x-y$ 平面上に等高線が表示されます。surfc による表示結果のみ**図5.9**に示します。

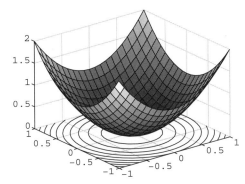

図5.9 surfc コマンドによる $z = x^2 + y^2$ の
3D グラフ表示

5.2.2　グラフの色合いの変更 colormap

2D グラフの色の変更と言えば，直線や曲線の「線の色」を変えるということで，plot コマンドのオプションを使って変更しました。一方，3D グラフの色の変更は，mesh や surf のオプションというよりも，追加的に colormap コマンドを利用することで，グラフ全体に渡る「色合い」を変更することができます。細かい設定をして，自分のマップを作成することもできますが，ひとまずこの colormap コマンドを利用しながら，色を変更してみることをおすすめします。使い方は至ってシンプルです。

```
colormap(' マップの種類')
```

の形で使います。マップの種類は，**表5.2**に示すように最初からいくつも用意されていますので，色を確認しながら利用してください。

また，このリストは MATLAB のコマンドウィンドウで lookfor 'color map' とすることで見ることができます。当然，surf では shading のコマンドと併用することもできます。画像データを扱う際にも，カラーマップやマップの種類を考慮する場面があります。7章の7.3.2 項の「カラーマップ付き画像」を参考にしてください。

表5.2　`colormap` コマンドに使えるマップの種類
（MATLAB のヘルプから抜粋）

マップの種類	説　明
autumn	赤からオレンジ，黄へと滑らかに変化します。
bone	青成分の値が高められているグレースケールのカラーマップです。このカラーマップは，グレースケールのイメージに "電子的" な雰囲気を添えるのに役立ちます。
colorcube	RGB カラー空間における等間隔の色をできるだけ多く含みながらも，より階調の多いグレー，ピュアな赤，ピュアな緑，およびピュアな青を盛り込もうとします。
cool	シアンとマゼンタの色調で構成されています。シアンからマゼンタへと滑らかに変化します。
copper	黒から明るい銅色へと滑らかに変化します。
flag	赤，白，青，黒から構成されています。このカラーマップは，個々のインデックスを大きくしていくと完全に色が変化します。
gray	線形グレースケールカラーマップを返します。
hot	黒から赤，オレンジ，黄の色調，さらには白へと滑らかに変化します。
hsv	色相−彩度−明度（hue-saturation-value）色モデルの hue 成分を変化。色は赤から始まり，黄，緑，シアン，青，赤紫，そして赤に戻ります。このカラーマップは，周期的な関数を表示するのに最適です。
jet	青からシアン，黄，オレンジを経て赤へと変化します。これは hsv カラーマップの変形です。
lines	Axes の ColorOrder プロパティで指定された色とグレーの色調からなるカラーマップを作成します。
parula	暗色から明色へと順序付けられ，均質に知覚されます。データの滑らかな変化は色の滑らかな変化として表され，データの急激な変化は色の急激な変化として表されます。データをより正確に表現するため，データの解釈が容易になります。
pink	ピンクのパステル調を含んでいます。pink のカラーマップは，グレースケールの写真をセピア調に変えます。
prism	赤，オレンジ，黄，緑，青，紫の 6 色を繰り返し出力します。
spring	マゼンタと黄の色調から構成されています。
summer	緑と黄の色調から構成されています。
white	すべて白のモノクロカラーマップです。
winter	青と緑の色調から構成されています。

5.3　2D のほうが見やすい場合もある

　先ほどから表示してきた $z = x^2 + y^2$ のような関数は，3D 表示でも見やすいものでしたが，より複雑なものを表示しようとすると，却って見づらくなる場合があります。本章の冒頭にも言いましたが，なるべく見やすいグラフを作成し，人に伝わることを大切にしましょう。ここでは 2D ではあるけれども，行列を面で表示すると見やすいということを示したいと思います。

　行列の各要素の値を色分けし，2D 表示に使うことができるコマンドに，image あるいは

imagesc というものがあります。image と imagesc の違いはつぎのプログラムを試すことでわかると思います。

```
1  clear;clc;
2  [x,y] = meshgrid(-1:0.1:1);
3  z = x.^2+y.^2;
4  image(z);
5  colorbar;
```

実行するとフィギュアウィンドウが立ち上がり，真っ青なグラフ表示になったのではないでしょうか？　これは，image コマンドが行列の各要素に対する色の割り当てを $0 \sim 255$ の値の範囲で行うためであり，z は $0 \sim 2$ の範囲でしか値が存在しないからです。こういう場合に自動的にデータの範囲に応じて，色の割り当てをしてくれるのが，imagesc コマンドです。image の代わりに imagesc を使うと，**図5.10**に示すように surf で表示したときのグラフを上から見たような図になるはずです。ちなみに 5 行目の colorbar は，2D 表示の色と値の対応関係を示す指標（カラーバー）を図の右側に表示させるコマンドです。

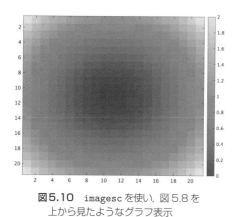

図5.10　imagesc を使い，図5.8 を
上から見たようなグラフ表示

—— 演 習 問 題 ——

【5.1】 x を 0 から 2π までの 0.1 刻みの変数とし，$y = \cos(x)$，$z = \sin(x)$ とする三次元空間上の曲線 (x, y, z) を表示するプログラムをつくりなさい。

【5.2】 [x, y] = meshgrid(0:0.5:1); を実行したときに得られる x と y を，MATLAB を使わずに示しなさい。

【5.3】 x 座標と y 座標を -2 から 0.2 刻みで 2 までの格子点とし，$z = x^2 + y^2$ とする曲面 (x, y, z) をメッシュで表示するプログラムをつくりなさい。

6
MATLABへ入れたり出したり
― 地味だけど大切なデータのやり取り ―

卒論などの研究活動では，実験データや測定データをコンピュータで分析することが必要となります。ということは，苦労して手に入れたデータを，分析するためのソフトウェアに読み込ませた後，プログラムなどで分析して，結果を保存し出力する必要があるということです。この流れの中で，たびたび面倒なことになるのが，データの入力と出力です。メインである分析に比べると地味ではあるのですが，避けては通れないという表現が一番しっくりくる，そういう作業になります。本章では，MATLAB にデータを受け渡す基本的な方法について説明します。

ゴール 少なくとも save や load コマンドを使いこなせるようになる。よりコンピュータ言語を使いこなすために，fprintf や fscanf を扱えるようになる！

6.1 MATLAB で最も手っ取り早いデータの保存と読み込み方法

これまで MATLAB を使っていろいろな計算をしてきました。書いたプログラムはエディタを使って書けば，保存をしたり，のちほど修正をしたりすることが簡単にできました。しかし，計算結果をデータファイルとして保存したり，保存してあったデータファイルを読み込んだりすることには触れてきませんでした。こうした保存や読み込みは，いま話に出たように，MATLAB ではファイルを使って行うことになります。本章では，MATLAB で計算したデータをファイルに保存する方法，保存されたデータファイルの読み込み方法について説明していきます。

6.1.1 保存・読み込みの最強コマンド save と load

まずはデータをファイルに保存することから始めたいと思います。そのためのデータをつくろうということで，つぎのコマンドを入力してデータを作成します。

```
>> A = [3 2 1; 1 3 1; 2 2 1];
>> B = inv(A);
>> C = B.';
```

この 3 行は，3 行 3 列の行列 A をつくり，A の**逆行列**（inv コマンド）を B とし，B の**転置**

行列（.'）を C としています（1 章の演習問題【1.4】を参照）。つまり三つの変数 A, B, C をつくりました。ここで，表 1.2 で紹介だけした whos コマンドをコマンドウィンドウに入力すると

```
>> whos
  Name      Size        Bytes    Class      Attributes

  A         3x3            72    double
  B         3x3            72    double
  C         3x3            72    double

>>
```

と表示されます。このコマンドはここまでの計算により，ワークスペース上に得られているすべての変数およびその状態を表示します。ここで save コマンドを使うと，この whos コマンドで表示された変数すべてを一括でファイルに保存します。

　例えば，save コマンドを使って

```
>> save test;
```

とすると，どうなるでしょうか？ ls コマンドを使って，なにが保存されたか見てみましょう。save test; を実行したことで，"test.mat" というファイル名のファイルが**カレントディレクトリ**（現在 MATLAB が使用しているフォルダ）に作成されているはずです。ここで一つ覚えて頂きたいのが，MATLAB で save コマンドを使ってデータを保存すると，".mat" という拡張子のファイルが保存されるということです。さて，ワークスペース上の変数は，save コマンドで "test.mat" というファイルに保存されたはずですので，ここで clear; コマンドを入力し，ワークスペース上の変数をすべて消してしまいましょう。消した後に whos コマンドを入力してもなにを表示されないはずです。

　では，保存したファイル "test.mat" ファイルをつぎのように読み込んで，その後に whos コマンドでワークスペースがどのようになっているかを確認してみましょう。

```
>> load test;
>> whos
  Name      Size        Bytes    Class      Attributes

  A         3x3            72    double
  B         3x3            72    double
  C         3x3            72    double

>>
```

となり，無事に変数 A, B, C が戻ってきたことと思います。ここまででつかめたと思います

が，単にワークスペース上の変数データを保存したいときは save コマンド，保存した ".mat" ファイルを読み込みたいときは load コマンドを使えば，ほぼなにも考えずにデータとファイルの間の行き来ができてしまいます。

　ここで save コマンドと load コマンドに関する補足が二つあります。一つ目は，ほかの MATLAB コマンドでも同様のことではあるのですが，save コマンドと load コマンドには，**コマンド形式**と**関数形式**という二つの表記があります。load コマンドでも同様ですので，save コマンドで以下にその例を示します。

```
コマンド形式： save test;
   関数形式： save('test');
```

となります。上記の例のように単純にワークスペース上のデータを保存するには，どちらの表記を使っても同じです。しかし，例えば for ループ内で ".mat" ファイルのファイル名の文字列を適宜変更しながらデータを複数のファイルとして保存したい場合などには，関数形式が必要になります。つまりより複雑なことをする場合には，往々にして関数形式を使う必要性が出てきます。

　二つ目の補足は，save コマンドでワークスペース上のデータを保存する際，変数を指定して必要な変数のみをファイルに保存することができるということです。例えば，ここで変数 A と C のみをファイルに保存するには

```
コマンド形式： save test A C;
   関数形式： save('test','A','C');
```

とすることで可能となります。

　以上のように，save コマンドも load コマンドもとてもシンプルに変数をファイルに保存したり，読み込んだりを可能にしますが，シンプルがゆえの注意点として以下の二つがありますので，まとめておきます。

コマンド使用の注意点

save コマンド：save コマンドでファイル名を指定して保存をするとき，すでに同じファイル名の ".mat" ファイルがカレントディレクトリに存在すると，警告無しにいきなり上書き保存されてしまう！

load コマンド：ワークスペース上に変数がいくつもある状態で，同じ変数が保存されている ".mat" ファイルを読み込むと，その変数は警告無しにいきなり上書きされて読み込まれてしまう！

6.1.2 save と load でテキストファイルも扱える
前項で使った save と load コマンドは ".mat" ファイルを通じてデータを保存したり，読

み込みしたりをしましたが，その "mat" ファイルは実際にはバイナリファイルで中身がど
のようになっているかを見ることができません。しかも，基本的には MATLAB を使ってし
か読み込むことができません。しかし，save も load もじつはテキストファイルを扱うこと
ができ，保存されたデータを別のソフトウェアを使って開いて，中身を見ることができると
いうメリットがあります。先ほどの行列 A をテキストファイルとして保存して，テキストエ
ディタで開いたときの様子を**図6.1**に示します。

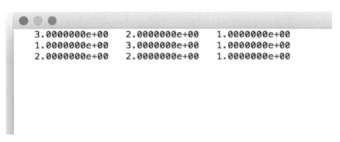

図6.1　save コマンドでテキストファイルとして保存
された行列 A をテキストエディタで開いた状態

このファイル形式で保存するためには，save コマンドを使用時に-ascii オプションを設定
することが必要となります。ハイフン（-）を忘れないよう注意してください。行列 A を再度
用意して

```
>> A = [3 2 1; 1 3 1; 2 2 1];
>> save('testA.mat','A','-ascii');
```

とすると，拡張子は "mat" ではありますが，どんなテキストエディタを使っても図 6.1 のよ
うにファイルを開いて，行列 A を確認することができるはずです。もちろん，ファイルの拡
張子を初めから "txt" の形で保存しても大丈夫です。
　また，バイナリファイルとして保存をしたときと同様に，ワークスペース上の変数を選ん
で保存をすることができます。つまり，-ascii を使って

```
>> A = [3 2 1; 1 3 1; 2 2 1];
>> B = inv(A);
>> save('testAB.mat','A','B','-ascii');
```

とすると，行列 A と B を一つのテキストファイルに保存することができます。ここでつぎの
ようにワークスペースをクリアし，いま保存したファイルを読み込み，whos を入力しますと

```
>> clear;
>> load('testAB.mat','-ascii');
>> whos
  Name      Size        Bytes     Class       Attributes
```

```
testAB    6x3           144    double

>>
```

となりますが，気がつきますでしょうか？ 本来，返ってきてほしい変数は A と B でしたが，結果として返ってきた変数はそもそもファイル名であった testAB となっています。しかも行列のサイズが 6x3 となっています。実際にこの testAB という変数の中身を見てみると

```
>> testAB

testAB =

    3    2    1
    1    3    1
    2    2    1
    1    0   -1
    1    1   -2
   -4   -2    7

>>
```

となります。この testAB と，本来の A と B とを見比べるとわかると思いますが，testAB という行列の上半分（1 行目から 3 行目まで）が行列 A，下半分（4 行目から 6 行目まで）が行列 B と対応しています。つまり，save コマンドで二つ以上の変数をテキストファイルとして保存すると，load を実行したときに，元の行列が一緒に合わさって，ファイル名を変数名として出力されてしまいます。もし，A と B という変数のまま，save コマンドを使い，テキストファイルとして保存するのであれば，それぞれ別々に save コマンドを実行する必要があります。もしくは，上のように得られた testAB のような変数を状態を理解したうえで，二つに分けて利用する必要があります。

6.2 多少煩わしいけれど，より正確なファイルの入出力方法

本章の前半では，最も手っ取り早いデータの保存と読み込み方法として，save コマンドと load コマンドを紹介しました。この二つのコマンドは非常に単純で楽でよいことばかりなのですが，実験などでとにかくなんでも save コマンドで保存してしまうと，ファイルサイズが比較的大きいのでハードディスクの容量を消費しがちです（とは言いつつ，近年のテラバイトサイズのハードディスク事情を考えれば問題ないと言えばそうなのですが…）。いずれにせよ，さまざまな変数もお構いなしに保存し ".mat" ファイルを増やすよりも，データの形式に則して保存をしたほうがベターなことが多いです。ということで，本章の後半ではさまざ

まなコンピュータ言語で同様に行われる，より一般的なファイルの読み書きについて学んでいきたいと思います。

　ファイルの読み書きの基本的な考え方はつぎのような流れになります。MATLAB 以外のどんな言語でもこの流れでほぼ間違いないので，ぜひ覚えておいてください。

ファイルの読み書きの基本的な考え方

ファイルのオープン
　　　↓
ファイルに内容を書く or ファイルの内容を読み込む
　　　↓
オープンしたファイルをクローズ

では，まず上記の流れを念頭に置いて，ワークスペース上のデータをテキストファイルに保存する方法を見ていきたいと思います。

6.2.1　テキストファイルへの保存 `fprintf`

つぎの例を実行してみてください。

```
1  clear;clc;

2  a=1:5;
3  A=[a;a.^3];

4  Fid = fopen('test_write.txt','wt');
5  fprintf(Fid,'%2d%5d\n',A);
6  fclose(Fid);
```

実行すると，"test_write.txt" というファイル名のテキストファイルが作成されるはずです。ファイルをテキストエディタで開くと予想していたものとは異なっているとは思いますが，まずは例で用いたコマンドを紹介していきます。行列 A は MATLAB で実行すればわかると思いますが，2 行 5 列の行列です。それを "test_write.txt" というファイルに保存します。では 4 行目から順に説明していきます。

```
Fid = fopen('test_write.txt','wt');
```

`fopen` はファイルをオープンするコマンドです。入力引数は二つで，一つ目はファイル名，二つ目は permission と呼ばれるものを書きます。ここでの permission は，"テキストモードで書き込む（<u>w</u>rite <u>t</u>ext）" という意味の "wt" です。出力引数 Fid は，ファイルに割り当てられる識別子で，しばしば**ファイル ID** と呼ばれます。おもに，ファイルを開いたり，閉じたり

するために利用されます。ちなみに Fid という変数名は，File ID という意味で FID ととも
に慣習的によく使われる変数名です。もちろん，Fid や FID でなければならないということ
はありません。続いて 5 行目です。

```
fprintf(Fid,'%2d%5d\n',A);
```

fprintf はデータを実際にテキストファイルに書き込むコマンドです。入力引数は三つで，
一つ目は fopen で設定したファイル ID，二つ目はデータを書き込む際のフォーマット，最
後は書き込むデータです。フォーマットに関しては説明が必要だと思いますので，以下で例
を使いながら説明します。

　よく用いる一般的なフォーマットの書き方は

　　% フラグ フィールド幅 精度 変換文字 制御文字

です。先の例の最初の部分%2d は，2 がフィールドの幅に対応し，書き込む際に用意する桁
数（ここでは 2 桁）で，d が変換文字に対応し，「整数」でファイルに書き込むことを意味し
ています（注：フラグは省略されており，さらに整数で書き込むために小数点以下の桁数に
対応する精度も省略されています）。続く%5d は同様に，5 桁分のスペースを取り，整数で書
き込むことを意味しています。そして最後の \n は制御文字に対応し，その前の数字を書き込
んだ後に「改行する」ことを意味しています。つまり，データを 2 列でファイルに書き込ん
でいくことになります。したがって，'%2d%5d\n' は，2 桁と 5 桁のスペースに二つの整数
をそれぞれ書き込み，最後に改行することを意味しています。

　続いて 6 行目です。

```
fclose(Fid);
```

fclose はもちろん，書き込むためにオープンしたファイルをクローズするためのコマンド
です。

　さて，ファイルをテキストエディタで開くと予想していたものとは異なっているとは思い
ますと先に述べましたが，ここで保存されたテキストファイルを開いてみましょう。まず図
6.2に行列 A を MATLAB のコマンドウィンドウに表示した場合を示します。2 行 5 列の行
列であることはわかります。

　しかし，図6.3を見るとわかるように，行列 A が 5 行 2 列の行列として保存されています。
これはワークスペース上の行列が，列に沿って各要素を読み取られ（つまり，1 1 2 8 3 27
… の順番で），テキストファイルに行方向で書き込まれ，制御コマンドによって改行をしな
がら 2 列に書き込んでいく指定をしているため（つまり 1 1 改行，2 8 改行 …）です。こ

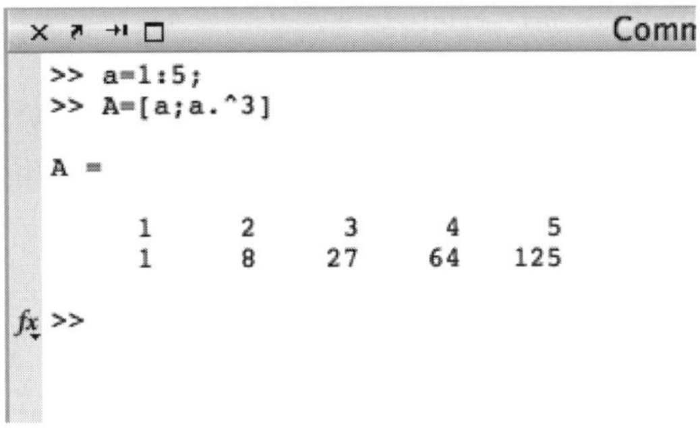

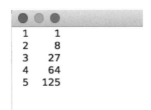

図6.2 行列 A を MATLAB のコマンドウィンドウに
表示した場合

```
●  ●  ●
1    1
2    8
3   27
4   64
5  125
```

図6.3 テキストファイルに保存された行列 A を
テキストエディタで表示した場合

のテキストファイルは予想とは違う形で保存されてはいますが，MATLAB で読み込む場合には問題にはなりません。それについてはテキストファイルの読み込みの話のところで説明します。

また実際には，フォーマットはここで紹介したことがすべてではなく，ほかにもいろいろと細かな設定やオプションがあります。詳しくは，MATLAB の公式サイト[†] の fprintf などをご覧ください。

6.2.2 テキストファイルの読み込み fscanf

つぎの例を実行してみてください。

```
1  clear;clc;

2  Fid = fopen('test_write.txt','rt');
3  B = fscanf(Fid,'%d%d',[2 5]);
4  fclose(Fid);
```

実行すると，"test_write.txt" の内容がワークスペースに読み込まれ，変数 B に格納されます。テキストファイルに保存したときに実行した例と異なる部分である 2 行目と 3 行目について説明していきます。2 行目は

[†] https://jp.mathworks.com/help/matlab/ref/fprintf.html（URL は 2017 年 8 月現在）

```
Fid = fopen('test_write.txt','rt');
```

です。fopen の使い方は先述と同じなのですが，permission だけが異なります。ここでの permission は，"テキストモードで読み込む（read text）"という意味の "rt"です。続いて 3 行目です。

```
B = fscanf(Fid,'%d%d',[2 5]);
```

fscanf は，データを実際にテキストファイルから読み込むコマンドです。入力引数は，fprintf と同様に三つで，一つ目はファイル ID，二つ目はフォーマット，三つ目が読み込んだ後にデータを格納する行列のサイズになります。

　フォーマットは fprintf で示したものと同様なのですが，読み込もうとしているテキストファイルに従って決める必要があります。ここでは，テキストファイルの中身が，図 6.3 のように 2 列の行列ですので，整数で二つずつ読み込んでいく格好になっています。ここで改行の制御文字は無視されています。サイズは，データを格納する行列のサイズなのですが，図 6.2 に示されるような行列であったことが最初からわかっていれば，[2 5] と 2 行 5 列を指示すればよいですが，現実的にはわからない場合がほとんどだと思います。もし，テキストファイルの中身のデータがどのくらいの長さなのかわからない場合は，例えば [2 inf] という形で 2 行無限列のようにすることで，データの最後まできちんと読み込むことが可能です。またあえて読み替えて，[3 inf] のように 3 行の行列として読み込むことも可能です。

　念のため，変数 B が一つ前の例の行列 A と一致しているか確認してください。一致しているということは，保存時には予想とは違ったテキストファイルの中の行列（5 行 2 列の行列）を MATLAB は最終的に期待通りに読み込んだということになります。

　もう少し具体的に言えば，MATLAB は図 6.3 の行列の各要素を行に沿って読み込み（つまり 1 1 2 8 3 27 … の順番で），fscanf で指示されたサイズに従い，列方向に 2 行ずつデータを格納していきます（つまり 1 1 改列，2 8 改列 …）。そして結果的に元のデータの読み込みに成功します。

―― 演 習 問 題 ――

【6.1】 つぎのプログラムを実行した後の，変数 B の値を答えなさい。
```
A = 3; B = 4;
save('temp','B');
C = A+B; B = A+C;
load('temp');
```

【6.2】 つぎのプログラムを実行した後の B を求めなさい。

```
A = 2:9;
Fid = fopen('test.txt','wt');
fprintf(Fid,'%2d%2d\n',A);
fclose(Fid);
Fid = fopen('test.txt','rt');
B = fscanf(Fid,'%d',[2 inf]);
fclose(Fid);
```

【6.3】 fopen コマンドの第 1 引数は (A) の文字列，第 2 引数はファイルの開き方を指定する文字を与えることになっている。このとき，第 2 引数の 1 文字目に r, w, a, 2 文字目に対し t を書くことが多い。

(A) に入る適切な語句と，r, w, a, t のそれぞれの意味を説明しなさい。

【6.4】 test.txt というファイル名をもつテキストファイルをテキストモードで読み込み用に開きたい。このときのコマンドは，fid = fopen(???,???); である。

???の部分に入る適切な文字列を答えなさい。

7

オーディオ&画像データもお手のもの？
― .wav や.jpg は特別扱い？ ―

前章ではテキストファイルへの保存とその読み込みについて説明しましたが，本章では続いてバイナリファイルへの保存とその読み込み方法について解説します。また，バイナリファイルの中でも MATLAB で扱う頻度が比較的高いであろうオーディオデータと画像データの保存や読み込み方法についても見ていきます。

ゴール バイナリファイルの保存と読み込みを適切に使いこなせるようになる。より便利に使いこなすために，`audiowrite` や `imread` を扱えるようになる！

7.1 やはり煩わしいけれど，バイナリファイルの保存と読み込み

前章の 6.2 節で `fprintf` と `fscanf` コマンドを使い，テキストファイルの保存と読み込みについて解説しました。そこで思い出して頂きたいのは，「ファイルの読み書きの基本的な考え方」です。本章では，そのときの基本的な考え方と同じ流れで，バイナリファイルの場合について解説します。その前に本書の中でバイナリファイルとはなにを指すのかを簡単にお話しておきたいと思います。

誤解を恐れずに言えば，コンピュータが扱うファイルは，コンピュータが理解できることからわかるように，原則的にはすべてバイナリファイル（0 と 1 で書かれたファイル）です。そのうち，原始的なテキストエディタを使うことで人が読むことができるファイルを「テキストファイル」と呼び，それ以外のファイルを「バイナリファイル」と呼ぶことにします。そう考えると，専用のソフトウェアが必要なオーディオファイルや画像ファイル，ご存知の PDF ファイルはすべてバイナリファイルとなります。

7.1.1 バイナリファイルへの保存 fwrite

では早速，つぎのプログラムを実行してください。

```
1  clear;clc;
2  a=1:5;
3  A=[a;a.^3];
```

```
4  Fid = fopen('test_bin','w');
5  fwrite(Fid,A,'int16');
6  fclose(Fid);
```

実行すると，“test_bin”というファイル名のファイルが作成されるはずです。前回と同様にこのファイルをテキストエディタで開いてみると，意味不明な文字列が表示されたことと思います。これがバイナリファイルです。人の目にはなにが書かれているのかはわかりません。

　行列 A は前回の例と同じものを使います。そして 4 行目の fopen は

```
Fid = fopen('test_bin','w');
```

のように permission がテキストファイルのときと異なります。バイナリファイルの場合は，単純に write を表す’w’ とすれば大丈夫です。

　続いて 5 行目ですが

```
fwrite(Fid,A,'int16');
```

と，バイナリファイルにデータを書き込む際には，fwrite というコマンドを使います。入力引数は三つで，一つ目はファイル ID，二つ目は書き込むデータ変数，三つ目には precision（精度）というオプションを選択します。precision には選択肢がいくつか用意されていますので，**表7.1**に示しておきます。

表7.1　precision のオプションまとめ

precision	意　味	ビット（バイト）
int8	整数	8 (1)
int16	整数	16 (2)
int32	整数	32 (4)
int64	整数	64 (8)
uint8	符号なし整数	8 (1)
uint16	符号なし整数	16 (2)
uint32	符号なし整数	32 (4)
uint64	符号なし整数	64 (8)
float32	実数	32 (4)
float64	実数	64 (8)
char	文字	8 (1)

この例で使用している “int16”は表にあるように，16 bit（つまり 2 byte）を使用して一つの整数（integer）をファイルに格納していきます。16 bit のうち，一番上の桁を符号用のビット（正か負を表現するためのビット）として使用するため，$-2^{15} \sim 2^{15} - 1$（つまり $2^{15} = 32\,768$ なので，$-32\,768 \sim 32\,767$）の範囲の値としてファイルに書き込むことができます。一方，“uint16”は，表にあるように符号なしを意味するので，符号用の 1 bit を余分

に使うことができ，$0 \sim 2^{16} - 1$（つまり $0 \sim 65\,535$）の範囲の値を符号なしの整数（<u>un</u>signed <u>int</u>eger）としてファイルに書き込むことができます。

　ちなみに，行列 A は 2 行 5 列の行列なので，すべての要素の数は 10 個です。先述の通り，"int16" でバイナリファイルを作成した場合，一つの整数当たり 16bit（= 2 byte）ですので，2 byte × 10 個で，作成されるバイナリファイルのサイズは 20 byte になります。ぜひ作成された "test_bin" ファイルのサイズを確認してみてください。20 byte になっているはずです。

7.1.2　バイナリファイルの読み込み fread
先ほどつくったバイナリファイルをつぎの例で読み込みます。

```
1  clear;clc;

2  Fid = fopen('test_bin','r');
3  B = fread(Fid,[2 inf],'int16');
4  fclose(Fid);
```

実行すると，"test_bin" の内容がワークスペースに読み込まれ，変数 B に格納されます。これはテキストファイルの場合とまったく同じです。では 2 行目から見ていきます。

```
    Fid = fopen('test_bin','r');
```

です。fopen の使い方は変わっておらず，唯一の違いは permission がバイナリファイルを読み込む，つまり <u>r</u>ead を意味する "r" となっている点です。続いて 3 行目です。

```
    B = fread(Fid,[2 inf],'int16');
```

バイナリファイルを読み込むときに使うコマンドは，fread です。入力引数は三つで，一つ目はファイル ID，二つ目は読み込んだ後にデータを出力引数である B に格納する際の行列のサイズになります。この [2 inf] に関してはテキストファイルの読み込み時に用いた fscanf の三つ目の入力引数と同じですので，6.2.2 項での説明を参照してください。三つ目は表 7.1 に示された precision です。現実的には，読み込む対象のファイルがどの precision を使って作成されたのかという情報が前もって必要になります。それに合わせてこの三つ目の precision は設定する必要があります。

7.2　特別扱いその 1：オーディオデータの保存と読み込み

　オーディオデータもバイナリファイルの一つです。ですので，これまでのようにバイナリ

ファイルとして保存・読み込みも可能です。当然，テキストファイルとして保存も可能です。しかし，さまざまなソフトウェアとのやり取りを円滑にするために，標準的なファイル形式が存在します。その最たるものは，".wav" ファイルでしょう。本節では MATLAB を使って，".wav" への保存と読み込みについて解説します。

つい何年か前まで，オーディオデータを ".wav" ファイルとして保存するためのコマンドとして，"wavwrite" というコマンドがありました。しかし，現在すでに wavwrite コマンドはなくなっており，その代わりとして audiowrite というコマンドが導入されています。旧バージョンでは wavwrite が使用可能であるものが多く，実質，大きな差はないのですが，本書では audiowrite を用いて説明を行いますので，利用しているバージョンに注意して適宜読み替えを行ってください。同様に，".wav" ファイルの読み込みコマンドも "wavread" というコマンドがありましたが，本書では audioread を用いて説明していきます。

7.2.1 オーディオデータの保存 audiowrite

ではつぎの例を使って，まずは MATLAB にもともとサンプルとして収録されているオーディオデータを読み込んでみましょう。プログラムを実行すると音が再生されますので，あらかじめ音量に注意してください。

```
1  clear;clc;

2  load gong.mat;
3  whos;
4  plot(y)
5  soundsc(y,Fs);
```

この例では，load コマンドを使って，"gong.mat" というデータファイルを読み込んでいます。whos コマンドでなにが読み込まれたかを確認すると，**サンプリング周波数** (9.1.2 項参照) である Fs と，オーディオデータの y が読み込まれたことがわかると思います。そして plot(y) としてそのまま素直にグラフ表示したものを**図7.1**に示します。例の一番最後の行の soundsc コマンドは，最初の引数である y をサンプリング周波数 Fs でコンピュータから再生するコマンドです。繰り返しますが，実行時には音量に気をつけてください。

つぎにワークスペースに読み込まれたオーディオデータを ".wav" として保存します。つぎの 1 行を実行してみてください。

```
>> audiowrite('gong.wav', y, Fs);
```

すると，カレントディレクトリに gong.wav というファイルが作成されたと思います。つまり，一つ目の入力引数は作成するオーディオファイルのファイル名，二つ目が保存したいオー

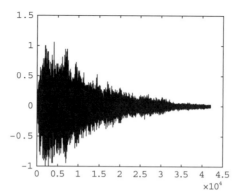

図7.1 "gong.mat"というデータファイルの中の
変数 y のグラフ表示結果

ディオデータの変数名，三つ目がサンプリング周波数ということです。しかし，それと同時につぎのようなメッセージがコマンドウィンドウに表示されたと思います。

　　警告:　ファイルの書き込みに際しデータが切り捨てられました。

　> In audiowrite>clipInputData (line 396)

　　In audiowrite (line 176)

この警告はなにかと言いますと，ファイルの作成はできているものの，完全な形で保存ができていないことを意味しています。図 7.1 をよく眺めると気がつくと思うのですが，波形の1点が振幅1を超えています。これが原因です。".wav"ファイルは振幅の値の範囲に制約があり，保存される変数（ここでは y）の値の範囲が $-1 < y < 1$ でなくてはなりません。したがって，".wav"ファイルとしてオーディオデータを保存する際は，そのデータの振幅の値の絶対値を 0.9 程度にすることが望ましいのです。つぎのプログラムで振幅を 0.9 にして保存しますので，確認してください。

```
1  clear;clc;

2  load gong.mat;
3  yy = 0.9 * y./max(abs(y));
4  audiowrite('gong.wav', yy, Fs);
```

ポイントは 3 行目のコマンドです。この yy は，y を y の"絶対値の最大値"で割ることで最大値を 1 とし，その後 0.9 を掛けることで yy の最大値を 0.9 としています。こうすることで，4 行目の audiowrite コマンドを実行しても，先の警告は出なくなるはずです。じつはこれは厳密に言うと，元の波形を変化させたことになります。言い方を換えると，元の波形を歪めたことになります。量子化ビット数と元の波形の振幅値との兼ね合いで，その歪みは

相対的に問題になることもあると思います。しかし，この例に限って言えば，再生をして聴き比べてもこの違いに気がつく人はほとんどいないと思います。研究などで厳密性が重要な場合は，振幅を変えてしまうこの保存方法には注意してください。

7.2.2　オーディオデータの読み込み `audioread`

では，つぎに先ほど保存した".wav"ファイルの読み込みを行います。読み込みは `audioread` コマンドを使いますが，書き込みの場合ほど注意する点はありません。つぎのコマンドを実行してみてください。

```
>> a = audioread('gong.wav');
```

と実行することで，変数 a の中に".wav"ファイルの中身が読み込まれます。サンプリング周波数が必要な場合は

```
>> [a, Fs] = audioread('gong.wav');
```

のように出力引数を二つにして，2番目をサンプリング周波数として読み込むことができます。きちんと読み込めたかどうかは，`whos` コマンドで確認したり，`plot` コマンドを使って波形を見て確認をしてください。また場合によっては，再生して聞いて確かめてください。

7.3　特別扱いその 2：画像データの保存と読み込み

画像ファイルもバイナリファイルの一つです。普段パソコンを使用しているなら，すぐに思い起こせるファイル形式がいくつもあると思います。オーディオファイルと同様にさまざまなソフトウェア間のやり取りを円滑にするために，規格化されたファイル形式がたくさんあります。例えば，".jpg"や".gif"などが有名どころでしょうか？ 本節では MATLAB を使って，画像ファイルへの保存とその読み込みについて解説します。

7.3.1　画像データの保存 `imwrite`

では，ここではまず MATLAB にもともと備わっている画像データを読み込んで，画像ファイルとして保存するところから始めます。

```
>> clear;clc;
>> load clown;
>> whos
  Name      Size       Bytes    Class       Attributes

  X        200x320     512000   double
```

```
caption      2x1           4    char
map          81x3       1944    double

>>
```

上記のプログラムで読み込まれた変数は三つあります。まず一つ目の X が画像データの本体です。whos の結果を見るとわかると思いますが，この X は 200x320 の行列となっています。そうなのです。画像は MATLAB では行列なのです。縦と横がある行列が画像であるということは直感的にもわかりやすいと思います。ちなみにオーディオデータは，ベクトルの形，つまり 1 列の配列な訳です。

　とりあえず，あとの二つの変数は置いておいて，読み込まれた X を表示してみましょう。行列の各要素の値を 2D 表示するコマンドは 5.3 節で使用した imagesc コマンドを利用します。そのまま，つぎのように imagesc コマンドを実行すると，**図7.2**のようなピエロの絵が表示されると思います。

```
>> imagesc(X);
```

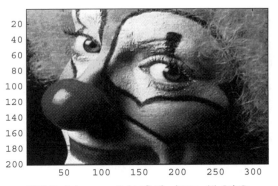

図7.2　"clown.mat" というデータファイルの中の
　　　　変数 X のグラフ表示結果

ここでは紙面の都合上，白黒表示となっていますが，皆さんの画面では青と黄色でピエロが描かれているのではないかと思います。じつはこれは本来の色合いで表示された画像ではありません。ここでの画像の色合いは，グラフの色合いと同様，5.2.2 項で解説した colormap コマンドを使うことで変更することができます。そして，colormap コマンドに使用するマップは，先ほど画像と一緒に読み込まれた map です。つまり暗にこの画像データを表示するには，map を使うことを前提としているわけです。では，colormap コマンドを使って色合いを変更してみましょう。

```
>> colormap(map);
>> axis image;
```

ここでは白黒の表示になるため，色合いの変更後の画像は示しませんが，茶色を基調とした画像表示になったのではないでしょうか？ また，そのつぎに実行した axis image コマンドは，縦横比を1対1の比率で表示を行うものです。その結果，図7.2のような縦横比の表示になったはずです。

　表示が上手くできたところで，このピエロの画像を画像ファイルとして保存しようと思います。ワークスペースにある画像データを画像ファイルとして保存するには，imwrite というコマンドを使います。image write のことを意味しています。使い方はつぎのようになります。

```
>> imwrite(X,'clown.jpg');
```

最初の入力引数は画像データの変数，二つ目は保存する画像ファイルのファイル名です。ただしこのファイル名は，拡張子を含めたファイル名にする必要があります。拡張子を含めて書けば，自動的にその形式でファイルが作成されます（つまり，拡張子を".jpg"とすることで jpeg 形式となる）。では，作成された画像ファイルを確認してみましょう。作成された画像ファイル "clown.jpg" はどうなっているでしょうか？ ".jpg"のファイルになっているとは思いますが，真っ白の画像ファイルになっているのではないでしょうか？ これには原因があります。この原因を理解するためにはいくつか知っておかなければならないことがあります。それは MATLAB で扱う画像データの種類についてです。

7.3.2　MATLAB で扱う画像データの種類

　ここで言う画像データの種類とは，画像ファイルの形式（.jpg や.gif）ではなく，ワークスペース上にある画像データの形式のことを指しています。この画像データの種類には強度画像，カラーマップ付き画像，RGB 画像の3種類があります。模式図を**図7.3**に示します。以下でこの三つについて簡単に説明します。

 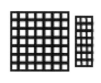 

(a)　強度画像　　(b)　カラーマップ付き画像　　(c)　RGB 画像

図7.3　MATLAB で扱う画像データの種類の模式図

〔1〕 強 度 画 像　　**強度画像**は，画像データ行列の各要素の値が白黒の 2 値の場合，または 0〜255 までの値を持つグレースケールの場合のように，それぞれの値が画像の輝度を表す画像のことです。つまり，強度画像は白黒やグレースケールだけの色を持ち，その他の色情報を表すことができません。

〔2〕 **カラーマップ付き画像**　　画像データと，その色情報を持つ特定のカラーマップが一つの組となっている画像のことです。先ほどの clown のデータはこのカラーマップ付き画像です。画像データの変数であった X は，図 (b) の横に示されている 3 列の行列（カラーマップ）の行番号を要素に持っています。ちなみにカラーマップの列は，RGB（赤緑青）の 3 列からなり，各種カラーマップは一つの行で一つの色を表します。したがって，カラーマップを変更することで，別の色合いを簡単に表現することができます。

〔3〕 **RGB画像**　　カラーマップを必要としないカラー画像です。図 (c) のように，画像データ行列が三つで一つの組となっています。これはつまり，画像データ行列が三次元行列であることを意味しています。例えば，画像データ行列が，X(m,n,p) としたとき，R（赤）は X(m,n,1)，G（緑）は X(m,n,2)，B（青）は X(m,n,3) という意味となります。

以上を踏まえて，imwrite コマンドを使って再度，カラーマップ付き画像データであった clown のデータを画像ファイルとして保存するためには，つぎのように入力引数を一つ増やし

```
>> imwrite(X, map, 'clown.jpg');
```

map を二つ目の入力引数として設定すると，うまく ".jpg" ファイルとして画像ファイルが作成されるはずです。

7.3.3　画像ファイルの読み込み imread

先ほど imwrite コマンドで保存した ".jpg" ファイルをここでは読み込んで確認したいと思います。変数 a に画像ファイルの内容を画像データとしてワークスペースに読み込むには，imread コマンドを使い

```
>> a = imread('clown.jpg');
```

とすれば大丈夫です。ここで続けて whos コマンドを入力すると

```
>> whos
  Name      Size           Bytes    Class        Attributes

   a        200x320x3      192000   uint8

>>
```

となります。注目ポイントは，この行列 a の Size です。200x320 の行列だったものが，ここでは 200x320x3 となっていますね。これはすなわち，".jpg" ファイルとしてファイルを保存した際，RGB 画像のデータ形式になったということです。

　MATLAB で扱うことができる画像ファイルの形式はさまざまあります。おもなものを示すと**表7.2**のようになります。

表7.2　MATLAB で扱うことができるおもな
画像ファイルの種類とその説明

ファイルの種類	ファイルの説明
.bmp	Windows bitmap
.jpg	Joint Photographic Experts Group
.gif	Graphics Interchange Format
.tif	Tagged Image File Format
.pbm	Portable Bitmap
.pcx	Windows Paintbrush
.png	Portable Network Graphics

　これ以外にも扱うことができるファイルはあります。また map ファイルを画像ファイルから取り出さなくてはならないものもあり，適宜必要に応じて調べながら使用してください。

─── 演　習　問　題 ───

【7.1】 `test.wav` という名のファイルをコマンド `[x, fs] = audioread('test.wav');` により読み込んだ。このとき x はオーディオデータ，fs は (A) を表す。(A) は，波形を記録するときの 1 秒間当たりのサンプル数を示し，単位は (B) である。ちなみに音楽用 CD の (A) は 44 100(B) である。
(A) と (B) に当てはまる言葉を書きなさい。

【7.2】 `x = -5:0.5:2; y = x./max(x);` のとき，`max(y)` と `min(y)` を求めなさい。

【7.3】 `x = -5:0.5:2; y = x./max(abs(x));` のとき，`max(y)` と `min(y)` を求めなさい。

【7.4】 `load clown;` によりサンプル画像データを読み込んだところ，200 行 320 列の変数 x と，81 行 3 列の変数 `map` が読み込まれた。x に対し，`imagesc(x)` を実行したが，色が正しく表示されなかった。この原因を説明するとともに，正しい色を表示するために追加するコマンドを書きなさい。

【7.5】 問題【7.4】にて表示した画面は 1 ピクセルが正方形ではなく縦に伸びた長方形になっており，縦横の縮尺が不適当な画像表示となっている。この画像の 1 ピクセルを正方形とし，正しい縮尺で表示するためのコマンドを書きなさい。

8

理工系なら絶対に知っておきたいこと
― 最小二乗法を考える！ ―

　本章では，最小二乗法を一から解説します。ページをめくっていけばわかると思いますが，じつは MATLAB のコマンドが出てきません。しかし，MATLAB を研究活動に使おうとしている方や，学校の授業で MATLAB を使うことになった方には，絶対に知っておいてほしい最小二乗法をできるだけ簡単に説明していきます。最終的には，最小二乗法によって得られた近似直線を MATLAB を使って描くことができるようになるよう話を進めていきますので，ぜひ読み進めてもらいたいと思います。

> **ゴール**　最小二乗法の本質を理解し，正規方程式から実際に近似直線を計算できるようになる！

8.1　最小二乗法ってなにをするためのモノなのか

　本章では最小二乗法について理解を深めますが，MATLAB を使えるようになることから離れていくわけではありません。むしろ MATLAB の強みである行列演算やグラフ表示を使い，より最小二乗法の理解を深めることができると考えています。本章の多くは最小二乗法に関する理屈や数式に割きますが，最終的には MATLAB で最小二乗法を計算します。

8.1.1　まずはゴールの設定

　早速ですが，最小二乗法のゴールは一体なんでしょう？　それは**図8.1**の丸印で示されてい

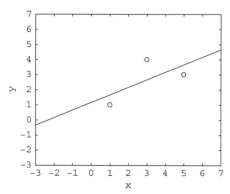

図8.1　最小二乗法のゴール（任意の 3 点に
対して近似的な直線）

るような複数のデータ点に対して，近似的な直線を引くことです。曲線での近似も実際には
ありますが，本章では直線に限ってお話します。もう少し数学的に直線を引くことを言い換
えると，いくつかのデータ点 (x, y) を使って

$$y = ax + b \tag{8.1}$$

という一次方程式の a と b を決めることがゴールとなります。ちなみにデータ (x, y) は何点
あっても問題ありません。

8.1.2　2点を通る直線

　もしデータ (x, y) が二つだけであるなら，つまり 2 点に対して近似的な直線を見つけるこ
とは，2 点を通る直線を決める問題となるので，式 (8.1) にデータの 2 点を代入して，中学で
習うように a と b を求めればよいでしょう。

　例えば，2 点が $(x, y) = (1, 1), (3, 4)$ の場合，式 (8.1) からつぎの 2 式を得ることができま
す。つまり

$$\begin{cases} 1 = a + b \\ 4 = 3a + b \end{cases} \tag{8.2}$$

となり，二つの式から $a = 3/2$, $b = -1/2$ を得ることができます。式 (8.1) に a と b を代入
して

$$y = \frac{3}{2}x - \frac{1}{2} \tag{8.3}$$

という直線を描くことができます。グラフに表すと**図8.2**のようになります。ここまでは問
題なく進んでくることができたのではと思います。

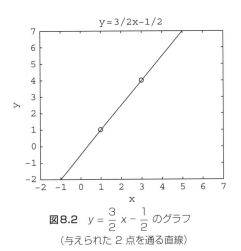

図8.2　$y = \dfrac{3}{2}x - \dfrac{1}{2}$ のグラフ
（与えられた 2 点を通る直線）

8.1.3　3点を通る直線？

一方，3点を通る直線を引くにはちょっと考えなくてはならないことに気づくでしょうか？それは図8.1を眺めればすぐに気がつくと思います。3点，もしくはそれ以上のデータ点がある場合，すべての点を通る直線を描くことはほぼ無理とわかりますか？

では，先のデータ点に $(5,3)$ を加えて，データ点を $(x,y) = (1,1), (3,4), (5,3)$ の3点としましょう。この3点を式 (8.1) に代入すると

$$\begin{cases} 1 = a + b \\ 4 = 3a + b \\ 3 = 5a + b \end{cases} \tag{8.4}$$

となります。式 (8.4) では，求めたい未知の変数は a と b の二つに対し，式が三つになります。この式 (8.4) のように求めたい未知の変数の数に対し，式の数が多い場合というのは，原則的に解くことはできません。より正確には，解くことができる場合はありますが，ほぼ解くことができません。データ点数が増えることを情報が増えると考えると，データ点数が増えることは，より精度が増すような気がするかもしれませんが，この場合はそのようには考えず，逆に3点を通らなければならないという「制限」がかかる（あるいは条件が増える）と考えます。つまり未知の変数二つに対して，式が三つというのは，式が多すぎるのです。

式 (8.4) を行列表現で見てみると，別の角度からこの未知の変数の数と式の数の問題に気がつきます。式 (8.4) を行列表現で書き直すと

$$\begin{bmatrix} 1 \\ 4 \\ 3 \end{bmatrix} = \begin{bmatrix} 1 & 1 \\ 3 & 1 \\ 5 & 1 \end{bmatrix} \begin{bmatrix} a \\ b \end{bmatrix} \tag{8.5}$$

となります。ここで未知の変数 a と b を求めるには，式 (8.5) の右辺左側の逆行列を計算する必要があります。この行列は見てわかるように3行2列の行列で，2行2列や3行3列のような正方行列ではありません。原則的に，逆行列の話をする前にその行列が正方行列であることが必要ですので，この場合，逆行列を単純に求めることはできません。ではどうすればよいのでしょうか？　その答えは近似的に直線を引くということです。その状況を**図8.3**に示します。図を見ると，データ点 $(x,y) = (1,1), (3,4), (5,3)$ に対して，それっぽい近似直線は無限にありそうです。

ではなにに基づいて近似直線を引けばよいのでしょうか？　ここで近似を行うための基準として登場するのが**最小二乗**という考え方です。なぜこの方法が理工系を卒業したなら絶対に知っておきたい方法なのかと言いますと，単純でかつ一つの最適解を与える方法として広い分野で適用可能だからです。

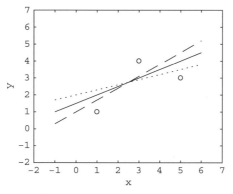

図8.3 与えられた 3 点に対する
近似のような直線たち

最小二乗法をできるだけシンプルに解説

　本節では最小二乗法を説明するのに，できるだけ余分なところは省きつつ，最低限必要な
数式の展開は詳しく示していきます。

8.2.1　最小二乗法の本質について

まず n 点のデータがつぎのように与えられたとします。

$$(x, y) = (x_1, y_1), (x_2, y_2), \ldots, (x_n, y_n) \tag{8.6}$$

これらのデータ点を直線 $y = ax + b$ に代入して整理すると

$$\begin{cases} ax_1 + b - y_1 = 0 \\ ax_2 + b - y_2 = 0 \\ \quad\vdots \\ ax_n + b - y_n = 0 \end{cases} \tag{8.7}$$

という n 本の式になります。これらの n 本の式の左辺をそれぞれ二乗し，$1/2$ を掛けてから
足します。

$$E = \frac{1}{2}(ax_1 + b - y_1)^2 + \frac{1}{2}(ax_2 + b - y_2)^2 + \cdots + \frac{1}{2}(ax_n + b - y_n)^2 \tag{8.8}$$

この式 (8.8) を E とし，この E が最小になるように未知の変数 a と b を決めます。この「二
乗して足し合わせたものを最小にすること」が最小二乗法の言葉の意味で，これこそが近似
直線を決めるための基準となります。

　ここでこの E を展開しますが，つぎの式の展開

$$(x + y + z)^2 = x^2 + y^2 + z^2 + 2xy + 2xz + 2yz \tag{8.9}$$

を思い出しながら，展開していきます。E の右辺の第一項を E_1 として，式 (8.9) を参考に展開しますと

$$\begin{aligned}
E_1 &= \frac{1}{2}(ax_1 + b - y_1)^2 \\
&= \frac{1}{2}(a^2 x_1{}^2 + b^2 + y_1{}^2 + 2abx_1 - 2ax_1 y_1 - 2by_1) \\
&= \frac{1}{2}x_1{}^2 a^2 + (x_1 b - x_1 y_1)a + \frac{1}{2}(b^2 - 2y_1 b + y_1{}^2)
\end{aligned} \tag{8.10}$$

となります。また式 (8.8) の第二項を E_2 すると，E_2 も式 (8.10) と同様に展開され，第 n 項の E_n でも同様に展開されます。E はそもそも

$$E = E_1 + E_2 + \cdots + E_n \tag{8.11}$$

であるので，同様に展開された E_1 から E_n までを加えてまとめると

$$\begin{aligned}
E = \frac{1}{2}\left(\sum_{i=1}^{n} x_i{}^2\right) a^2 \\
+ \left(b\sum_{i=1}^{n} x_i - \sum_{i=1}^{n} x_i y_i\right) a \\
+ \frac{n}{2}b^2 - \left(\sum_{i=1}^{n} y_i\right) b + \frac{1}{2}\left(\sum_{i=1}^{n} y_i{}^2\right)
\end{aligned} \tag{8.12}$$

となります。式 (8.12) をみると，この式は a に関する二次関数であることがわかると思います。ここで式 (8.12) の右辺第一項の a^2 の係数を眺めると，必ずゼロ以上の値となることがわかります。つまり

$$\frac{1}{2}\left(\sum_{i=1}^{n} x_i{}^2\right) \geqq 0 \tag{8.13}$$

であり，この二次関数 E は下に凸の関数となります。下に凸の二次関数には必ず一つの関数の底があり，この底の値が E の最小値となることは明らかでしょう。ここまでの話をまとめると，式 (8.12) の E は下に凸の a に関する二次関数であり，E が一つの最小値を持ち，その最小値を与える a を見つけることが現在のゴールということになります。

じつは，同様に式 (8.10) は b についてもまとめることができます。つまり

$$\begin{aligned}
E_1 &= \frac{1}{2}(ax_1 + b - y_1)^2 \\
&= \frac{1}{2}(a^2 x_1{}^2 + b^2 + y_1{}^2 + 2abx_1 - 2ax_1 y_1 - 2by_1) \\
&= \frac{1}{2}b^2 + (x_1 a - y_1)\,b + \frac{1}{2}x_1{}^2 a^2 - 2x_1 y_1 a + y_1{}^2
\end{aligned} \tag{8.14}$$

となり，b の二次関数となります。そして b に関してまとめた E は

$$E = \frac{n}{2}b^2$$
$$+ \left(a\sum_{i=1}^{n} x_i - \sum_{i=1}^{n} y_i \right) b$$
$$+ \frac{1}{2}a^2 \left(\sum_{i=1}^{n} x_i \right) - 2 \left(\sum_{i=1}^{n} x_i y_i \right) a + \sum_{i=1}^{n} y_i{}^2 \tag{8.15}$$

となり，b^2 の係数を見るとやはりゼロ以上の値となることから，式 (8.12) と同じく下に凸の b に関する二次関数となります。

二次関数の底の値を見つけるためには，高校数学で学ぶ「微分」を利用します。二次関数を微分することでその関数の傾きを求めることができることはご存知のとおりです。そしてその傾きがゼロとなる点が，二次関数の頂点，つまり底になります。しかし残念ながら，式 (8.12) と (8.15) は二つの変数 a と b を含む式であるため，通常の微分ではなく，偏微分を行う必要があります。つまり式 (8.12) では a に関する偏微分，式 (8.15) では b に関する偏微分を行います。

まず，式 (8.12) を a について偏微分し，ゼロと等しいとすると

$$\frac{\partial E}{\partial a} = \left(\sum_{i=1}^{n} x_i{}^2 \right) a + \left(b\sum_{i=1}^{n} x_i - \sum_{i=1}^{n} x_i y_i \right) = 0 \tag{8.16}$$

となり，同様に式 (8.15) を b について偏微分し，ゼロと等しいとすると

$$\frac{\partial E}{\partial b} = nb + \left(a\sum_{i=1}^{n} x_i - \sum_{i=1}^{n} y_i \right) = 0 \tag{8.17}$$

となりますが，nb を $\left(\sum_{i=1}^{n} 1 \right) b$ と書き直すと，式 (8.17) はつぎのようになります。

$$\frac{\partial E}{\partial b} = \left(\sum_{i=1}^{n} 1 \right) b + \left(a\sum_{i=1}^{n} x_i - \sum_{i=1}^{n} y_i \right) = 0 \tag{8.18}$$

となります。ここで式 (8.16) と (8.18) をわかりやすく並べ替え整理すると，つぎの二つの式が得られます。

$$\left(\sum_{i=1}^{n} x_i{}^2 \right) a + \left(\sum_{i=1}^{n} x_i \right) b = \left(\sum_{i=1}^{n} x_i y_i \right) \tag{8.19}$$

$$\left(\sum_{i=1}^{n} x_i \right) a + \left(\sum_{i=1}^{n} 1 \right) b = \left(\sum_{i=1}^{n} y_i \right) \tag{8.20}$$

式 (8.19) と (8.20) を見て，この二つの式は二つの変数 a と b による連立一次方程式と気づくでしょうか？ 未知の変数が二つで，式が二つであるので，a と b を求めることができます。まさに式 (8.2) と同じ形をしていますね。ここでこの 2 式を行列形式で書き直すと

$$
\begin{bmatrix} \sum_{i=1}^{n} x_i{}^2 & \sum_{i=1}^{n} x_i \\ \sum_{i=1}^{n} x_i & \sum_{i=1}^{n} 1 \end{bmatrix} \begin{bmatrix} a \\ b \end{bmatrix} = \begin{bmatrix} \sum_{i=1}^{n} x_i y_i \\ \sum_{i=1}^{n} y_i \end{bmatrix} \tag{8.21}
$$

となり，一つの式で表現できました。もともと，式 (8.6) にてデータ点 (x, y) は与えられていますから，あとは求めたい a と b 以外の変数を計算し，つまり x の二乗の和，x の和，xy の和，y の和を計算・代入し，逆行列を計算すると a と b が求まります。もちろん，式 (8.19) と (8.20) に代入して，方程式を解いても求まります。

8.2.2 違う角度から最小二乗法を見てみる

ここまで最小二乗法の本質についてお話してきました。最小二乗法の基本的なことは，これ以上でも以下でもありません。しかし最小二乗法では，これまで見てきたものとは別の角度から眺めてみると不思議なことが起こります。本項ではそれを紹介します。

ここで式 (8.7) をもう一度呼び出します。

$$
\begin{cases} ax_1 + b - y_1 = 0 \\ ax_2 + b - y_2 = 0 \\ \quad\vdots \\ ax_n + b - y_n = 0 \end{cases} \tag{8.7 再掲}
$$

この式 (8.7) を整理し，行列形式で書き直すと

$$
\begin{bmatrix} x_1 & 1 \\ x_2 & 1 \\ \vdots & \vdots \\ x_n & 1 \end{bmatrix} \begin{bmatrix} a \\ b \end{bmatrix} = \begin{bmatrix} y_1 \\ y_2 \\ \vdots \\ y_n \end{bmatrix} \tag{8.22}
$$

となりますが，この行列表現はしばしば慣習的につぎのように表します。

$$
\mathbf{A}\mathbf{x} = \mathbf{b} \tag{8.23}
$$

ここで，それぞれの変数は

$$
\mathbf{A} = \begin{bmatrix} x_1 & 1 \\ x_2 & 1 \\ \vdots & \vdots \\ x_n & 1 \end{bmatrix}, \quad \mathbf{x} = \begin{bmatrix} a \\ b \end{bmatrix}, \quad \mathbf{b} = \begin{bmatrix} y_1 \\ y_2 \\ \vdots \\ y_n \end{bmatrix} \tag{8.24}
$$

の関係です。注意しておきたいことは，データ点の $x_1, x_2, \ldots, x_n$ と $\mathbf{x}$ はまったく異なる意味で使っているということです。

さて，ここからが不思議であり面白い点です。式 (8.23) の両辺に $\mathbf{A}$ の転置行列である $\mathbf{A}^{\mathrm{T}}$ を左から掛けると

$$\mathbf{A}^{\mathrm{T}}\mathbf{A}\mathbf{x} = \mathbf{A}^{\mathrm{T}}\mathbf{b} \tag{8.25}$$

が得られます。この式 (8.25) は**正規方程式**と呼ばれます。式 (8.25) に式 (8.24) の変数を代入して実際に計算をしてみると，まず $\mathbf{A}^{\mathrm{T}}\mathbf{A}$ は

$$
\mathbf{A}^{\mathrm{T}}\mathbf{A} = \begin{bmatrix} x_1 & x_2 & \cdots & x_n \\ 1 & 1 & \cdots & 1 \end{bmatrix} \begin{bmatrix} x_1 & 1 \\ x_2 & 1 \\ \vdots & \vdots \\ x_n & 1 \end{bmatrix}
$$

$$
= \begin{bmatrix} x_1{}^2 + x_2{}^2 + \cdots + x_n{}^2 & x_1 + x_2 + \cdots + x_n \\ x_1 + x_2 + \cdots + x_n & 1 + 1 + \cdots + 1 \end{bmatrix}
$$

$$
= \begin{bmatrix} \sum_{i=1}^{n} x_i{}^2 & \sum_{i=1}^{n} x_i \\ \sum_{i=1}^{n} x_i & \sum_{i=1}^{n} 1 \end{bmatrix} \tag{8.26}
$$

となり，$\mathbf{A}^{\mathrm{T}}\mathbf{b}$ は

$$
\mathbf{A}^{\mathrm{T}}\mathbf{b} = \begin{bmatrix} x_1 & x_2 & \cdots & x_n \\ 1 & 1 & \cdots & 1 \end{bmatrix} \begin{bmatrix} y_1 \\ y_2 \\ \vdots \\ y_n \end{bmatrix}
$$

$$
= \begin{bmatrix} x_1 y_1 + x_2 y_2 + \cdots + x_n y_n \\ y_1 + y_2 + \cdots + y_n \end{bmatrix}
$$

$$
= \begin{bmatrix} \sum_{i=1}^{n} x_i y_i \\ \sum_{i=1}^{n} y_i \end{bmatrix} \tag{8.27}
$$

となります。$\mathbf{x}$ を入れて式 (8.25) を書き直すと

$$
\begin{bmatrix} \sum_{i=1}^{n} x_i{}^2 & \sum_{i=1}^{n} x_i \\ \sum_{i=1}^{n} x_i & \sum_{i=1}^{n} 1 \end{bmatrix} \begin{bmatrix} a \\ b \end{bmatrix} = \begin{bmatrix} \sum_{i=1}^{n} x_i y_i \\ \sum_{i=1}^{n} y_i \end{bmatrix} \tag{8.21 再掲}
$$

となり，式 (8.21) とまったく同じ式となりました。つまり，正規方程式が偏微分から求めた最小二乗解と一致するということは，正規方程式は最小二乗の意味で最適な解を与えるものであるということです。

式 (8.24) で示されている $\mathbf{A}$ をみるとわかるように，この $\mathbf{A}$ は縦長の行列です。しかし，$\mathbf{A}^{\mathrm{T}}$ を掛けた $\mathbf{A}^{\mathrm{T}}\mathbf{A}$ は，式 (8.26) をみるとわかるように，2×2 の正方行列になっています。つまり，前項の式 (8.21) のところでも説明しましたが，式 (8.21) は逆行列を計算することで $\mathbf{x}$ を求めることができるわけです。これを式で表すと，式 (8.25) から

$$\mathbf{x} = \left(\mathbf{A}^{\mathrm{T}}\mathbf{A}\right)^{-1}\mathbf{A}^{\mathrm{T}}\mathbf{b} \tag{8.28}$$

となります。実質的には，この式 (8.28) があれば最小二乗解を求めることができます。ただし，それぞれの行列がなにを表しているかを理解している必要があります。では実際にこの式 (8.28) を計算し，最小二乗解を求め，近似直線を描いてみましょう。

8.2.3　最小二乗解を求め，近似直線を引いてみる

では実際の計算方法を確認するために，8.1.3項で与えられたデータ点 $(x, y) = (1, 1), (3, 4), (5, 3)$ に対して最小二乗法で近似直線を求めてみましょう。ステップとしては以下のようになります。

最小二乗法で近似直線を求めるステップ
1. $\mathbf{A}$ と $\mathbf{b}$ を用意
2. $\mathbf{A}^{\mathrm{T}}\mathbf{A}$ と $\mathbf{A}^{\mathrm{T}}\mathbf{b}$ を計算
3. $\left(\mathbf{A}^{\mathrm{T}}\mathbf{A}\right)^{-1}\mathbf{A}^{\mathrm{T}}\mathbf{b}$ を計算
4. 得られた $\mathbf{x}$ を使い，直線を plot

では，ステップを一つずつクリアしていきましょう。

まず，行列 $\mathbf{A}$ と $\mathbf{b}$ を用意すると

$$\mathbf{A} = \begin{bmatrix} 1 & 1 \\ 3 & 1 \\ 5 & 1 \end{bmatrix} \tag{8.29}$$

$$\mathbf{b} = \begin{bmatrix} 1 \\ 4 \\ 3 \end{bmatrix} \tag{8.30}$$

です。ステップ2の計算として，$\mathbf{A}^{\mathrm{T}}\mathbf{A}$ と $\mathbf{A}^{\mathrm{T}}\mathbf{b}$ を計算すると

$$\mathbf{A}^{\mathrm{T}}\mathbf{A} = \begin{bmatrix} 1 & 3 & 5 \\ 1 & 1 & 1 \end{bmatrix} \begin{bmatrix} 1 & 1 \\ 3 & 1 \\ 5 & 1 \end{bmatrix} = \begin{bmatrix} 35 & 9 \\ 9 & 3 \end{bmatrix} \tag{8.31}$$

$$\mathbf{A}^{\mathrm{T}}\mathbf{b} = \begin{bmatrix} 1 & 3 & 5 \\ 1 & 1 & 1 \end{bmatrix} \begin{bmatrix} 1 \\ 4 \\ 3 \end{bmatrix} = \begin{bmatrix} 28 \\ 8 \end{bmatrix} \tag{8.32}$$

を得ます。そしてステップ 3 の計算として，式 (8.28) を計算すると

$$
\begin{aligned}
\left(\mathbf{A}^{\mathrm{T}}\mathbf{A}\right)^{-1}\mathbf{A}^{\mathrm{T}}\mathbf{b} &= \begin{bmatrix} 35 & 9 \\ 9 & 3 \end{bmatrix}^{-1} \begin{bmatrix} 28 \\ 8 \end{bmatrix} \\
&= \begin{bmatrix} 0.1250 & -0.3750 \\ -0.3750 & 1.4583 \end{bmatrix} \begin{bmatrix} 28 \\ 8 \end{bmatrix} \\
&= \begin{bmatrix} 0.5000 \\ 1.1667 \end{bmatrix} \\
&= \begin{bmatrix} \frac{1}{2} \\ \frac{7}{6} \end{bmatrix}
\end{aligned} \tag{8.33}
$$

となり

$$a = \frac{1}{2} \tag{8.34}$$
$$b = \frac{7}{6} \tag{8.35}$$

という最小二乗解を得ることができました。したがって，近似直線は

$$y = \frac{1}{2}x + \frac{7}{6} \tag{8.36}$$

ということになります。この直線は図 8.3 における実線のグラフになります。

　先に示した四つのステップを通して，複数のデータ点から近似直線を引く，というゴールまでたどりつきました。繰り返しになりますが，このデータ点は 3 点以上，何点でも原則的には問題ありません。しかしより正確に言えば，いくらデータ点数が多くとも，解けない場合というのもあります。より詳しい事柄については，その他の専門書を参考に追求してください。

—— 演 習 問 題 ——

【8.1】 $x - y$ 平面上の 3 点 $(x, y) = (1, 1), (2, 3), (3, 4)$ が与えられたとき，これらの座標に対して最小二乗法による近似直線を描きたい。この直線を $y = ax + b$ とし，与えられた 3 点を代入し，a と b の式とすると (A) となる。これを行列表現に書き換えると (B) となる。この行列表現を $\mathbf{Ax} = \mathbf{b}$ とみなすと，つぎの正規方程式 $\mathbf{A^T Ax} = \mathbf{A^T b}$ を計算することで最小二乗解を得ることができる。(B) の行列表現を使い，この正規方程式を計算すると (C) が得られる。(C) を $\mathbf{x}$ について解くと a と b が求まり，近似直線を描くことができる。結果，近似直線は (D) となる。
以上の (A)，(B)，(C)，(D) に適切な数式を書きなさい。

【8.2】 $x - y$ 平面上の 3 点 $(x, y) = (1, 1), (2, 2), (3, 3)$ が与えられたとき，これらの座標に対して最小二乗法による近似直線を描きたい。これら 3 点は明らかに直線 $y = x$ 上にあると考えられるが，実際にそのような解が求まるか問題【8.1】と同様のプロセスで (A)(B)(C)(D) を求めなさい。

【8.3】 本文中では，近似直線を式 (8.1) と定義して最小二乗解を導出したが，この近似直線を原点を通る直線，つまり $y = ax$ として最小二乗解を導出すると a はどのような式として求まるか。導出を行いなさい。

9

サイン関数を音として聴く
― 周波数って？ シンセサイザの基本の音 ―

　本章では，これまで描いてきたサイン関数を，高さを持った音としてのサイン波とするために基礎から始めます。特に周波数や角周波数のような物理量，またディジタルで音を扱う際に理解が必要なサンプリング周波数のような用語も簡単に解説します。その後，MATLABで 440 Hz のサイン波を作成します。サイン波の周波数を変化させれば音の高さが変わるので，ドレミの周波数を計算で求め，ドレミの音をつくっていきます。さらにシンセサイザの基本の音となる矩形波・三角波も作成し，最後に，MATLAB でステレオの音の扱い方について解説します。音に興味がある方は本章を利用して，さまざまなアイディアを発展させてほしいと思います。

> **ゴール**　周波数の関数としてのサイン波を作成して，ドレミの音階がつくれるようになる！

9.1　A4 のサイン波をつくる

9.1.1　時間に依存したサイン波をつくる準備

　ピアノやキーボードの鍵盤を見たことがあると思いますが，「A4」と言われてすぐになんのことかわかりますか？　A というのはドレミで言うところの「ラ」，4 は図**9.1**に示すように鍵盤の低い音から数えて 4 番目を意味します（国際式 MIDI 規格）。つまり「A4」とは，鍵盤の低いほうから数えて「4 番目のラ」を指します。この「A4」はオーケストラのコンサートが始まる前に各楽器間の調律を合わせるために使われる音の高さで，周波数で言うとおよそ「440 Hz」です。ちなみにこの音の高さは昔から時報でも使われている音の高さで，さまざまな場面で基準となる音の高さです。

ここが A4（国際式 MIDI 規格）

図9.1　鍵盤の A4

　では，まずこの高さの音を MATLAB で作成してみましょう。ここでは高校の数学で学ぶサイン関数を用いて実現してみます。その理由は，サイン関数は音響の世界では「純音」と

呼ばれ，単一の周波数を持つ波なので，440 Hz を再現するには 1 番単純だからです。しかし，これまでと同じようにはいきません。それはなぜでしょう。$\sin(\theta)$ の θ は 0〜2π まで変化するとは言え，ただの角度だからです。サイン関数を音として感じるためには，普段から聴いている音楽と同様に時間という概念が必要で，θ のままではその時間を含んだ形になっていません。そもそも，周波数とは "1 秒当たり" の振動数，つまり 1 秒という「時間」に対して振動する回数なのです。

　ここで θ という角度の変数を，ω という「角周波数」と「時間」t を使って，ある意味無理やり時間を使って表現していきます。つまり

$$\theta = \omega t \tag{9.1}$$

とします。角周波数 ω は，1 秒当たりに変化する角度を意味し，単位は〔rad/s〕です。理解を深めるために，**図9.2**を見てください。図 (a) に描かれている円は「単位円」と呼ばれる原点を中心に半径 1 で描かれる円です。このグラフでは，注目する座標が角度ゼロの位置から反時計回りに円の上を周回すると考え，現状は θ となっています。また図 (b) のグラフは図 (a) の単位円に対応した $\sin(\theta)$ を表しています。このグラフの横軸は θ に対応し，縦軸は図 (a) の単位円上を周回している点の高さ，つまり半径が 1 なので $\sin(\theta)$ に対応しています。一旦話を戻しますが，角周波数 ω の単位は〔rad/s〕ですと説明しました。角周波数はこの単位からもわかるように，1 秒当たりに変化する角度，つまり物理量としては「速度」のようなものです。ω を速度とみなすと，t は時間であり単位は〔s〕ですので，ωt は「速度 × 時間」と考えることができ，θ は距離とみなすことができます。繰り返しになりますが，θ は角度ではあるのですが，ωt とすることで，時間に依存した角度とすることができます。

　これで $\sin(\theta)$ という角度に依存したものから，時間に依存した $\sin(\omega t)$ というサイン波をつくる準備ができました。しかし，話の冒頭で説明した A4 の周波数にあたる 440 Hz を $\sin(\omega t)$

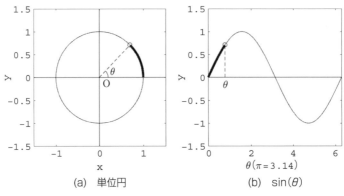

(a)　単位円　　　　　　　　(b)　$\sin(\theta)$

図9.2　単位円と $\sin(\theta)$ の関係

に代入することはできません。先ほど「周波数とは "1 秒当たり" の 振動数である」と言いました。これは言い換えると図 (a) の単位円周上を「1 秒間に何回まわったか」という「回転数」を意味します。これを紐解くために，つぎの例を考えてみましょう。

速度に対応する角周波数 ω が $\pi/2$ のとき，1 秒間に変化する角度は

$$\theta = \omega t = \frac{\pi}{2} \cdot 1 = \frac{\pi}{2} \,\text{(rad)} \tag{9.2}$$

となり，**図9.3** (a) のグラフとなります。このときの角度 θ は $\pi/2$ であり，単位円周上を 1/4 周していることがわかります。

同様に，角周波数 ω が π のとき，1 秒間に変化する角度は

$$\theta = \omega t = \pi \cdot 1 = \pi \,\text{(rad)} \tag{9.3}$$

となり，図 (b) のグラフとなります。このときの角度 θ は π であり，単位円周上を 1/2 周していることがわかります。

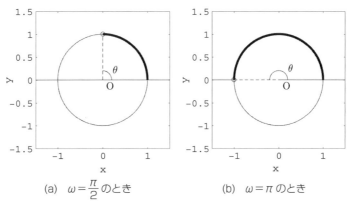

(a) $\omega = \dfrac{\pi}{2}$ のとき   (b) $\omega = \pi$ のとき

図9.3 時間 $t = 1$ で角周波数 $\omega = \dfrac{\pi}{2}, \pi$ としたときの角度 θ

つまり，周波数（回転数）を f とすると

$$\omega = \frac{\pi}{2} \,\text{のとき}, \ f = \frac{1}{4}$$

$$\omega = \pi \,\text{のとき}, \ f = \frac{1}{2}$$

という関係が得られます。この二つの関係性を眺めるとわかりますが，f に 2π を掛けると ω と等しくなります。一般的に書くと

$$\omega = 2\pi f \,\text{(rad/s)} \tag{9.4}$$

と言うことができるでしょう。ちなみに，f は 1 秒当たりの回転数であるので単位は $1/\text{s}$ となり，これを Hz（ヘルツ）と呼びます。つまり，440 Hz とは，単位円周上を 1 秒間に 440

回，回転することを意味しています。さらに言えば，f が大きくなれば ω が大きくなり，回転速度（角周波数）が速くなることを意味します。

　以上を踏まえると，時間に依存したサイン波は，元の角度のみに依存したサイン関数から，以下のように変形できることがわかります。

$$\sin(\theta) \to \sin(\omega t) \to \sin(2\pi f t) \tag{9.5}$$

9.1.2　もう一つの準備，サンプリング周波数と時間軸

　式 (9.5) で一応の準備ができたように思えますが，もう一つだけ理解が必要となることがあります。それは，音のデータだけでなく，画像データでもなんでも，コンピュータに保存されているデータは数値であるということです。数値であるということはなんらかの方法で連続的なデータを「**数字に置き換え，離散化している**」ということです。例えば，音の情報で言えば，耳の鼓膜にて受け取って聞いている音は連続的な情報ですが，コンピュータや CD に入っている音の情報は数字に置き換えられた離散データということです。もっと身近な言葉で言えば，離散データとはディジタルデータであると言っても差し支えないでしょう。ここでは詳細まで知る必要はありませんが，離散化するための方法，サンプリングについて，簡単に理解することが必要です。

　図9.4にあるサイン波のサンプリングの様子を示します。

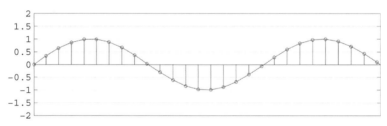

図9.4　あるサイン波のサンプリングの様子

　連続的に変化するサイン波を離散データにするために，サンプリングと呼ばれる処理が行われます。サンプリングは連続的なデータを数字に置き換える処理であり，その数字に置き換える際，グラフ中の丸印のようにある一定の時間間隔で連続データの値を抽出（標本化）します。この例の場合，サンプリングの結果として得られる最初の 10 点の数値列は

　　0, 0.3387, 0.6374, 0.8607, 0.9823, 0.9877, 0.8763, 0.6613, 0.3681, 0.0314, · · ·

です。この一定の時間間隔は「サンプリング周期」と呼ばれ，ここでは T_s〔s〕とします。CD ではこのサンプリング周期は 1/44 100〔s〕と規格で決められており，これは 1 秒間を 44 100 点で表す，つまりサンプリングするということを意味しています。このサンプリング周期の

逆数を**サンプリング周波数**と呼び，音データのディジタル化においては重要なパラメータとなります。改めてこの関係を式で表すと

$$F_s = \frac{1}{T_s} \ [1/\mathrm{s} \ (= \mathrm{Hz})] \tag{9.6}$$

となります。したがって，CD のサンプリング周波数は 44 100 Hz ということになります。このサンプリング周波数は，現在作成しようとしているサイン波の A4 の周波数 440 Hz とはまったく別のものですので注意をしてください。

ここで式 (9.5) で表された $\sin(2\pi f t)$ の変数 t に対応する「サンプリング周波数が 44 100 Hz の場合の 1 秒分の時間軸」を作成します。サンプリング周波数が 44 100 Hz の音データを 1 秒分用意するということは，1/44 100 秒の時間間隔でサンプリングされた離散データが 44 100 点分必要ということです。これを MATLAB のプログラムで表すと

```
>> t = 0:1/44100:1-1/44100;
```

となり，t の長さを確認すると

```
>> length(t)
ans =
    44100
>>
```

となっています。確認ですが，まず時間軸 t は 0 秒から 1 秒までのデータであり，その間隔が 1/44 100 となるように書かれています。そして時間軸の t を 1/44 100 からではなく，0 から始めるようにするため，0 を含めた分，1/44 100（1/44 100 間隔においては 1 点分に相当）を差し引くことで全体のデータ数を 44 100 点としています。

ここでつくった時間軸を，サンプリング周波数が F_s の場合の n 秒分の時間軸として一般化すると

```
>> t = 0:1/F_s:n-1/F_s;
```

とすることができます。これでようやくサイン波を描く準備ができたので，次項で 440 Hz のサイン波を作成します。

9.1.3 いよいよサイン波を MATLAB でつくる

下記にサンプリング周波数が 44 100 Hz の場合の，440 Hz のサイン波を 1 秒分作成する MATLAB のプログラムを示します。

```
1  clear;clc;
2  n = 1;                        % 秒数
3  F_s = 44100;                  % サンプリング周波数
4  f = 440;                      % 周波数
5  t = 0:1/F_s:n-1/F_s;          % 時間軸
6  y = sin(2*pi*f*t);            % サイン波の作成
7  plot(t,y)                     % グラフ表示
8  axis([0 5/440 -2 2])          % 5 周期分表示
9  xlabel('Time [s]','FontSize',14);
```

上記プログラムを実行することで表示されるグラフを**図9.5**に示します。ちなみに axis コマンドで区切られている時間軸の上限（5/440）は，1 周期 440 点のサイン波の 5 周期分を意味しています。

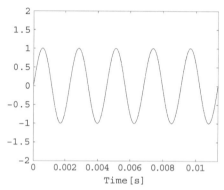

図9.5 サンプリング周波数が 44 100 Hz の場合の
440 Hz のサイン波 5 周期分

ではつぎのコマンドを使って，作成したサイン波を音量に気をつけて再生し，高校生のときに学習するサイン波を音として感じてみてください。

```
>> soundsc(y,F_s);
```

1 秒分の 440 Hz のサイン波をきちんと聴くことができたでしょうか？ 当然ではありますが，プログラム中の秒数や周波数を変更することで，さまざまな長さや異なる高さのサイン波をつくることが可能です。

またサンプリング周波数は，コンピュータ上では自由に設定することが可能ですが，これまでのオーディオ機器等の発展の歴史に関係して，使用されるサンプリング周波数は，8 000 Hz，16 000 Hz，44 100 Hz，48 000 Hz などが一般的です。

9.2 サイン波でドレミをつくる

9.2.1 ドレミの周波数とは？

本章の前半では，ねらった音の高さのサイン波をつくる方法を学びました。本章のゴールである，サイン波でドレミの音階をつくるには，音の高さ，つまり周波数をどういう値にすればドレミをつくることができるのかを考える必要があります。そこで図 9.1 を再度眺めてみると，1 オクターブ（例えば A3〜A4 まで）の間に白鍵と黒鍵が合わせて 12 個あることがわかると思います。この 12 音階を使って 1 オクターブを表す方法を **12 平均律** と呼びます。ここで重要なことは，1 オクターブ間の周波数の関係がちょうど倍の関係であるということです。例えば A3 と A4 の周波数はそれぞれ 220 Hz と 440 Hz となっており，この 1 オクターブ間の周波数の関係は，どの高さの音に対しても同じ関係性が保たれています。ちなみに A5 の周波数は，A4 の 1 オクターブ上ということで，440 Hz の 2 倍の 880 Hz です。

ではドレミの周波数を得るには，1 オクターブを 12 で割れば求まるかというとそう単純ではありません。その理由は A3，A4，A5 の周波数の比が，$220 : 440 : 880 = 1 : 2 : 4$ であることからわかります。つまり，A3 から見て二つ上のオクターブである A5 の周波数が，A3 の 3 倍にあたる 660 Hz ではなく 4 倍の 880 Hz になっています。さらに言えば，人はこれらの音がすべて同じ A の高さの音（つまりラ）として（等間隔に）聞こえるのです。じつはこの周波数比は，$1 : 2 : 4 = 1 : 2^1 : 2^2$ という関係なのです。

つまり音階における周波数比は，「等差」ではなく「等比」（高校数学で学ぶ等比数列の関係）で表されるのです。当然，オクターブの関係だけでなく，A4 から A5 までの間の周波数の変化も「等比」の関係であり，ある数字を公比として 12 回掛けることで A4 から A5 に変化していきます。例えば，A4 の周波数 440 Hz を a_0，A5 の周波数 880 Hz を a_{12} として，等比数列の公比を k とすると，その関係は

$$a_{12} = k^{12}a_0$$
$$= 2a_0 \quad \text{（オクターブの関係であるので 2 倍の周波数）}$$

となるので

$$k^{12} = 2$$

したがって

$$k = \sqrt[12]{2}$$

となります。公比が 2 の 12 乗根という普段聞き慣れないような数字が得られました。これからわかることは，一つ上の隣の鍵盤 (例えばドに対するド♯) の周波数は，$\sqrt[12]{2}\ (= 1.0595)$ を掛けることで得られるということです。

　ではドレミの各周波数を得るために，A4〜A5 に渡る周波数をつぎの MATLAB プログラムにて計算してみましょう。

```
1  clc;clear;

2  f = zeros(13,1);              % 結果の周波数を保存するための変数を定義
3  f(1) = 440;                   % スタートの周波数は A4 の 440 Hz
4  k = 2^(1/12);                 % 公比を 2 の 12 乗根とする

5  for n = 1:12                  % 12 回ループを回して計算
6        f(n+1) = k*f(n);        % 順に公比を掛けて変数 f に保存していく
7  end

8  disp(f)                       % 計算結果をコマンドウィンドウに表示
```

このプログラムによってコマンドウィンドウに表示される結果の f をまとめるとつぎの**表9.1**のように出力されるはずです。

表9.1　A4〜A5 の各周波数の計算結果

音　階	周波数〔Hz〕
A4 (ラ)	440.0000
A♯4 (ラ♯)	466.1638
B4 (シ)	493.8833
C5 (ド)	523.2511
C♯5 (ド♯)	554.3653
D5 (レ)	587.3295
D♯5 (レ♯)	622.2540
E5 (ミ)	659.2551
F5 (ファ)	698.4565
F♯5 (ファ♯)	739.9888
G5 (ソ)	783.9909
G♯5 (ソ♯)	830.6094
A5 (ラ)	880.0000

9.2.2　いよいよドレミをつくる

　9.1 節で準備したサイン波の計算方法と，9.2.1 項のプログラムで計算されたドレミの周波数を使って，それぞれ 1 秒間，合計 3 秒間でドレミと変化するサイン波を作成しましょう。ちなみに計算した周波数の配列 f の 4 番目がド，6 番目がレ，8 番目がミです。サンプリング周波数をここでは 16 000 Hz としますが，別の数字に変更しても生成されるドレミの音の高さは当然ながら変わりません。以上のプログラムを実行して，ドレミが聞こえたら成功で

す。もちろん別の周波数を使えば，ほかのメロディが生成されます。また，以下のプログラムは上のプログラムに続けて実行されることを前提にしていますので注意してください。

```
1   f_do = f(4);              % 配列 f の 4 番目をドとして選択
2   f_re = f(6);              % 配列 f の 6 番目をレとして選択
3   f_mi = f(8);              % 配列 f の 8 番目をミとして選択
4   F_s = 16000;              % サンプリング周波数
5   t = 0:1/F_s:1-1/F_s;      % 1 秒間の時間軸を作成

6   do = sin(2*pi*f_do*t);    % 時間に依存したサイン波でドを作成
7   re = sin(2*pi*f_re*t);    % 同様にレを作成
8   mi = sin(2*pi*f_mi*t);    % 同様にミを作成

9   doremi = [do re mi];      % ドレミを時間的に並べて一つの配列にする

10  soundsc(doremi,F_s)       % 作成したドレミをパソコンで再生（音量に注意）
```

9.3　シンセサイザの基本の音をつくってみる

　ここまでに，ドレミの音をサイン波を元に作成してきました。そしてその基礎に高校数学や物理で学んできた事柄がいくつも重なり合っていることも実感できたのではないでしょうか？　特に周波数が音の高さを決めるのに重要であることがわかったと思います。しかし，ふと立ち止まって考えてみると，オーケストラには同じ高さの音を出す楽器がいくつもありますね。なにが言いたいのかというと，同じ周波数だとしても音にはさまざまな形（波形）があるということです。シンセサイザはそれを実現したある意味革命的な楽器で，1 台の機械でさまざまな「音色」を出すことができます。本節では，そのシンセサイザの基本となる，矩形波と三角波を紹介し，サイン波と同様に MATLAB で作成してみます。

9.3.1　矩形波をつくってみる

　9.1.1 項でも説明した通り，周波数は単位円周上で言えば，1 秒当たりの回転数でした。これを逆に言えば，1 秒間当たりの回転数が等しければ，波形の形はサイン波でなくとも，同じ高さの音に聞こえる音をつくることができるはずです。ここで一つ目の例として**矩形波**を440 Hz のサイン波とともに**図9.6**に示します。矩形波のグラフをサイン波と比較すればわかるように，まず山谷の数が一定の時間の中で同数存在しています。これはつまり回転数（周波数）が同じということを意味しています。そして細かくみると，サイン波がプラスの値を取っている間（値が 0.1 であれ 1 であれ），矩形波はつねに値が 1 となっており，逆にマイナスの値を取っている間は値が −1 となっています。このことより，MATLAB のプログラムでサイン波から矩形波をつくることを考えると，for ループと if 文でサイン波がプラスの

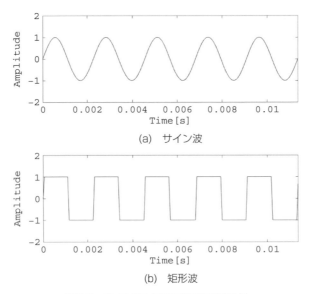

(a) サイン波

(b) 矩形波

図9.6 サイン波と同じ周期の矩形波の例

ときは1，マイナスのときは −1 とすれば，矩形波をつくることができることが容易に想像
できます。確かにその方法でも矩形波を作成することはできますが，MATLAB に最初から
組み込まれているコマンドを利用するとさらに簡単に矩形波をつくることが可能となります。
図 9.6 を作成したときの MATLAB プログラムを下記に示します。

```
1  clear;clc;close all;

2  F_s = 16000;                       % サンプリング周波数 16000 Hz
3  t = 0:1/F_s:1-1/F_s;               % 1 秒分の時間軸
4  f = 440;                           % サイン波の周波数

5  y = sin(2*pi*f*t);                 % サイン波の作成

6  subplot(211)                       % フィギュアウィンドウを二分割
7  plot(t,y)                          % サイン波のプロット
8  axis([0 5/440 -2 2])               % 5 周期分に表示を制限

9  xlabel('Time [s]','FontSize',14);  % 横軸のラベル表示
10 ylabel('Amplitude','FontSize',14); % 縦軸のラベル表示

11 kukei = sign(y);                   % sign コマンドで矩形波を作成

12 subplot(212)                       % フィギュアウィンドウを二分割
13 plot(t,kukei)                      % 矩形波のプロット
14 axis([0 5/440 -2 2])               % 5 周期分に表示を制限

15 xlabel('Time [s]','FontSize',14);  % 横軸のラベル表示
16 ylabel('Amplitude','FontSize',14); % 縦軸のラベル表示
```

```
17  soundsc(kukei, F_s)                        % 作成した矩形波を再生（音量に注意）
```

　まず矩形波の音を再生してみると，先に作成したサイン波の音の高さと同じ A4 として聞こえたのではないでしょうか？ しかし，音色としては純音であるサイン波と比べ，ずいぶんと歪んだ音として聞こえたと思います。これはサイン波は，単一の周波数のみを含む波ですが，矩形波はさまざまなほかの周波数も含んでいるためです。

　矩形波を作成したときに用いたコマンドは，`sign` 一つです。上記のプログラムは，表示関連の箇所を除けば，実質サイン波を作成し `sign` コマンドを使用しただけです。この `sign` コマンドは，変数の符号を出力する関数であり，変数がプラスの場合は 1 を，マイナスの場合は −1 を，変数が 0 の場合は 0 を出力します。この `sign` コマンドをサイン波を引数として使うと，矩形波をつくることができます。

9.3.2 三角波をつくってみる

　つぎに，矩形波のときと同様に**三角波**をつくってみます。まずは，三角波というものがどういうものであるのかを**図9.7**に示します。矩形波のときと同じく周波数は 440 Hz となるようにしています。振幅については後ほど説明しますが，サイン波のピーク値よりも大きくなっています。波形としては，サイン波のなめらかな変化に対して三角波では直線が交互に続き，直線の組合せで三角波は成り立っているので，適切な直線を用意し繋げていくだけで MATLAB で作成することができます。しかし，ここではよりシンプルにサイン波を利用し

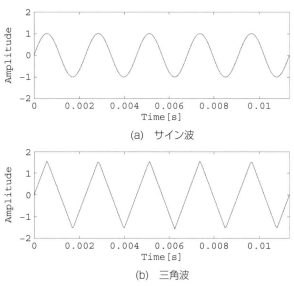

(a)　サイン波

(b)　三角波

図9.7　サイン波と同じ周期の三角波の例

た作成方法を示します。

　その方法を理解するには，図 9.2 に示した単位円と波形との関係を，三角波に置き換えた場合においても理解する必要があります。その三角波の場合の関係を**図9.8**に示します。図 9.2 と 9.8 の違いは，図 (b) の縦軸です。図 9.8 (b) の縦軸は，横軸と同じく角度 θ となっています。つまりこの図 (b) は，角度 θ と角度 θ のグラフであり，一対一のグラフであるので，$y = x$ のような直線的なグラフになります。

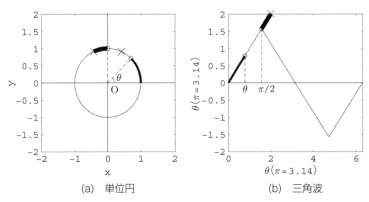

(a)　単位円　　　　　　　　　　　(b)　三角波

図9.8　単位円と三角波の関係

　この直線をサイン波を利用して得るには，$\sin(\theta)$ から θ を取り出せばよさそうであることに気づくでしょうか？ つまりこれは数学的に言えば，$\sin(\theta)$ の逆関数 arcsin を利用すればよいのです。したがって，$\arcsin(\sin(\theta)) = \theta$ とすることで θ が取り出せます。ここで注意しなければならないことが 1 点あります。サイン波の場合では，θ は 0 から始まり，1 周で 2π，2 周で 4π のように変化していく単調増加でした。これを三角波の場合でそのまま考えると，θ はまさに $y = x$ のように単調増加してしまい，$\pi/2$ まではねらい通りであるにせよ，その先は周期性を持たないものとして描かれてしまいます。仮に，θ がそのまま単調増加し $\pi/2$ を超え，図 (b) の最も太い線の先の × 点（$\theta = 2$）に到達した場合を考えてみましょう。

　この場合，図 (a) の対応する単位円上では同様に太線の先の × 点に到達します。ここで y 軸に対して × 点と対称となる点にも × 印を置きました。これら 2 点の × 印の y 値はグラフからも明らかなように，ともに同じ値を取り，$\sin(2)$ となっています。またこの対称の点の y 値は別の見方をすると，$\pi/2$ から太線の分を引いて，$\sin(\pi/2 - (2 - \pi/2)) = \sin(\pi - 2)$ です。つまり，$\sin(2) = \sin(\pi - 2)$ であり，これらは同じ値です。

　$\sin(2)$ と $\sin(\pi - 2)$ を定数 k として，先ほど示した arcsin を用いて角度 θ を取り出そうとすると

$$k = \sin(2) \quad \longrightarrow \quad \arcsin(k) = 2$$

$$k = \sin(\pi - 2) \longrightarrow \quad \arcsin(k) = \pi - 2$$

となり，$\arcsin(k)$ が一意に（一対一の関係で）決まらないことがわかります。これは単位円上に，x 軸に平行な線を引いた際に，単位円との交点の数が（$\theta = \pi/2,\ 3\pi/2$ の 2 点を除き），基本的に 2 点であることからもわかります。

　これが一意に決まるようにするために，$\arcsin$ 関数には θ の定義域をつぎのように設定することが一般的です。$\arcsin$ 関数 θ の定義域は

$$-\frac{\pi}{2} \le \theta \le \frac{\pi}{2} \tag{9.7}$$

であり，この範囲（図 (a) の第 1 象限と第 4 象限）に制限することで，$\sin(\theta)$ から $\arcsin$ 関数を使って，一意に θ を取り出すことが可能となります。

　MATLAB では $\arcsin$ 関数が asin コマンドとして用意されています。この asin コマンドを用いて，$\sin(\theta)$ から三角波を作成する（図 9.7）プログラムを以下に示します。

```
1   clear;clc;close all;

2   F_s = 16000;
3   t = 0:1/F_s:1-1/F_s;
4   f = 440;

5   y = sin(2*pi*f*t);

6   subplot(211)
7   plot(t,y)
8   axis([0 5/440 -2 2])
9   xlabel('Time [s]','FontSize',14);
10  ylabel('Amplitude','FontSize',14);
11
    sankaku = asin(y);                  % asin コマンドで三角波を作成
12
    subplot(212)
13  plot(t,sankaku)
14  axis([0 5/440 -2 2])
15  xlabel('Time [s]','FontSize',14);
16  ylabel('Amplitude','FontSize',14);

17  soundsc(sankaku, F_s)               % 作成した三角波を再生（音量に注意）
```

実際，矩形波の場合との違いは，sign コマンドを使うか，asin コマンドを使うかの違いだけです。定義域の設定も，asin コマンド内で MATLAB が自動的に行っています。三角波の振幅が 1 を超える値となっている理由は，図 (b) からも明らかなように，作成に $\sin(\theta)$ を利用しているため三角波が $y = x$ の関数のように生成され，最大値（$\pi/2 \fallingdotseq 1.57$）で折り返すためです。三角波も同様にさまざまなほかの周波数を含んでいるため，歪んだ音に聞こえているはずです。

9.3.3　ステレオの音のつくり方

　これまで作成してきたサイン波や矩形波などはすべてモノラルの音でした。しかし音楽に限らず，実験的な音をつくり，それらをヘッドフォンで聴く場合には，左右から異なる音を出すことが必要になる場合があります。ここでは例として，これまで作成した音を使い，異なる音をヘッドフォンの左右からそれぞれ再生する，ステレオの音を作成する方法を紹介します。

　MATLAB ではステレオの音を作成する際，非常に簡単な決まりがあります。それは，行列の1列目を左チャネル，2列目を右チャネルとして，ステレオ音源用の列ベクトルとして行列をつくることです。つまりその列ベクトルの長さを n とすると，$n \times 2$ の行列を作成することを意味します。そのイメージはつぎの行列の形のようになります。

$$\text{ステレオ音源用行列} := $$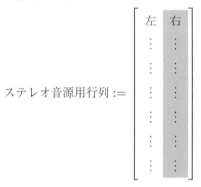

この形の行列を用意すれば，これまでと同様に soundsc コマンドで再生することができます。ただし，soundsc コマンドでは一つのサンプリング周波数で再生することになるため，当然ながら左右の音データのサンプリング周波数は同じになるように準備することが大切です。

　例として，A4（440 Hz）のサイン波を左チャネルに，A5（880 Hz）を右チャネルに挿入し，3秒間のステレオデータを作成するプログラムを下記に示します。

```
1   clc;clear;

2   f_a4 = 440;              % A4 の周波数
3   f_a5 = 880;              % A5 の周波数

4   F_s = 16000;            % サンプリング周波数
5   t = 0:1/F_s:3-1/F_s;    % 3 秒間の時間軸を作成

6   a4 = sin(2*pi*f_a4*t);  % A4 のサイン波を作成
7   a5 = sin(2*pi*f_a5*t);  % A5 のサイン波を作成

8   a4 = a4.';              % データを行ベクトルから列ベクトルに転置
9   a5 = a5.';              % データを行ベクトルから列ベクトルに転置

10  st = [a4 a5];           % ステレオ音源用の行列を作成

11  soundsc(st, F_s);
```

―― 演 習 問 題 ――

【9.1】 サンプリング周波数 44 100 Hz で，振幅 0.5，周波数 440 Hz，長さ 1 秒のサイン波を生成するプログラムをつくりなさい。

【9.2】 問題【9.1】のグラフの横軸を時間〔秒〕，縦軸を振幅表示とするプログラムをつくりなさい。

【9.3】 sign コマンドは，どのような関数か答えなさい。また，x をサイン波として y = sign(x) とすると y はどのような波形になるか答えなさい。

【9.4】 $\sin(\theta)$ を $\sin(\omega t)$ と置き換えたとき，t を時間とすると ω はなにかを説明し，その単位も示しなさい。また，その ω を周波数 f と関係づけるとどうなるか，式を使って示しなさい。

【9.5】 以下の仕様を参考に，NHK などでよく耳にする時報をつくりなさい。
〈仕様〉
  a. サンプリング周波数は 8 000 Hz。
  b. 440 Hz のサイン波を 0.1 秒鳴らした後，0.9 秒の無音区間を置く。これを 3 回繰り返す。
  c. その後続けて，880 Hz のサイン波を 1 秒間一定の音量で鳴らし，つぎの 2 秒間で振幅が 0 になるまで減衰させる。

10

時間と周波数の関係
― よく知らなくても使える FFT ―

　　7 章でオーディオファイルや画像ファイルを読み込んだり，保存したりする方法について説明しました。じつはオーディオデータについては，MATLAB のオプションである Toolbox を使うことでリアルタイムにオーディオデータを取り込みながら分析することも可能になります。つまり，自分が必要とする形にプログラムをつくり上げることで，高価なハードウェアを使うことなく，MATLAB を分析システムとして利用することも可能になるというわけです。本章ではその前段として，少し単純に自分の声を録音します。その後，単純化のためにサイン波を周波数分析することにチャレンジします。本章で取り扱う内容を使って 12，13 章では GUI をつくっていきます。

　　ゴール　MATLAB による音響計測を行い，振幅周波数スペクトルをグラフ表示できるようになる！

10.1　自分の声を MATLAB で録音してみましょう

10.1.1　イヤホンをマイク代わりに？

　使用しているパソコンにマイクはついているでしょうか？ 最近のノートパソコンにはほぼもれなくついていると思いますが，デスクトップのパソコンにはついていない場合もあるかと思います。持っていない方は，マイクを別途接続してください。急にマイクを用意してくださいと言われてもという方もいると思います。そういう方はイヤホンをマイク代わりに使ってみましょう。そんなばかなと思うかもしれませんが，ヘッドホンやイヤホンは基本的にマイクと機械的な構造が同じですので，雑音が大きくなったり，声が小さく録音されてしまうかもしれませんが，なんとか声を録音することはできると思います。つぎのプログラムを MATLAB で実行して，騙されたと思って，イヤホンに向かって声を出して一度録音してみてください[†]。

10.1.2　オーディオ録音のコマンド audiorecorder

　では，つぎのプログラムを実行して，3 秒間の自分の声を録音してみましょう。注意点として，以下のプログラムを実行すると，一旦途中で自動的に停止するようになっています。な

[†]　イヤホンの種類によっては故障の原因になる場合もあるので各自の責任で行ってください。

んらかのキーが押されるまで止まったままとなりますので，実行した後，録音する準備ができたら，スペースキーを押して録音を始めてください。MATLAB の環境によっては，コマンドウィンドウをアクティブにしてからキーを押さないと始まらない場合があります。

```
1   clear;clc;close all;

2   fs = 8000;                         % サンプリング周波数を設定

3   r = audiorecorder(fs,16,1);        % オーディオ録音環境を起動

4   pause;                             % 録音前に一旦停止

5   disp('Start!');                    % コマンドウィンドウに録音開始を表示

6   recordblocking(r,3);               % 3秒間の録音

7   disp('End!');                      % コマンドウィンドウに録音終了を表示

8   myvoice = getaudiodata(r,'double'); % 録音したデータを変数に代入

9   figure
10  t = 0:1/fs:length(myvoice)/fs - 1/fs;
11  plot(t,myvoice)
12  xlabel('Time (s)')
```

　さて，いくつか初めて見たコマンドが出てきました。グラフ表示の部分を除いて，解説していきます。最初にここで録音するオーディオのサンプリング周波数を設定しています。ここでは変数 fs を 8 000 Hz としています。つぎに，オーディオ録音を始めるためのコマンド audiorecorder を記述します。

```
    r = audiorecorder(fs,16,1);
```

マニュアルを見るとわかるのですが，audiorecorder はこれまでのコマンドと若干違い，オブジェクトを作成するためのコマンドです。つまり，このコマンドはオーディオ録音をするための準備をするだけで，ユーザーに取ってはなにも起こらないのと同等です。しかし設定として，最初の入力引数であるサンプリング周波数 fs，二つ目のオーディオデータのビット数の設定（この例では 16 bit），三つ目の引数であるチャネル数（ここではモノラルとしての 1 チャネルで，ステレオの場合は 2 と設定）を指定する必要があります。まさに準備です。出力引数の変数 r は，コマンドウィンドウで中身を確認するとわかるのですが，オブジェクトとして構造体の形をしています。構造体については，GUI の章で簡単に触れたいと思います。

```
    pause;
```

この pause コマンドを使うと，MATLAB の実行を一時停止することができます。pause と記述すると，なんらかのキーが押されるまで実行が停止します。pause(n) とすると，n 秒間プログラムの実行を停止し，その後実行が自動的に再開されます。このコマンドは特に MATLAB のコマンドウィンドウを入力インタフェースとして実験などを行う際，非常に有益です。今回のオーディオ録音でも，MATLAB のコマンドウィンドウを入力インタフェースとして録音を行っています。

つぎに 6 行目になりますが，今回のオーディオ録音の中心的なコマンドになります。

```
recordblocking(r,3);
```

この recordblocking コマンドによって，準備した audiorecorder オブジェクトの変数 r 内にオーディオデータを録音します。一つ目の入力引数はそのオブジェクトの変数 r を指定し，二つ目の引数は録音時間を表し，この例では 3 秒間録音することを意味しています。

そして 8 行目のコマンドが audiorecorder オブジェクトに関わる最後の記述となります。

```
myvoice = getaudiodata(r,'double');
```

この getaudiodata コマンドは，録音したオーディオデータを audiorecorder オブジェクトから MATLAB で扱いやすい数値配列に変換し，出力引数に代入するコマンドです。一つ目の入力引数は audiorecorder オブジェクトの変数 r を指定し，二つ目の引数は，データ型を指定します。データ型は，扱いたいオーディオデータの値の範囲や精度によって選択します。デフォルトでは double ですが，ほかの型を含めて**表 10.1**にまとめます。

表10.1 getaudiodata コマンドのデータ型まとめ

データ型	値の範囲
int8 （8 ビット符号付き整数型）	−128〜127
uint8 （8 ビット符号なし整数型）	0〜255
int16 （16 ビット符号付き整数型）	−32768〜32767
single （単精度）	−1〜1
double （倍精度）	−1〜1

先のプログラム例を実行したときに得られたグラフを**図 10.1**に示します。満足いくオーディオデータが録音できたら，そのデータを audiowrite コマンドで保存します。getaudiodata のデータ型を'double'にした場合は大丈夫だと思いますが，念のために plot したときの波形の振幅が ±1 を超えていないかを確認してください。振幅の大きさに問題がなければ，つぎのように audiowrite コマンドで ".wav" ファイルとして保存してください。

```
>> audiowrite('myvoice.wav', myvoice, fs);
```

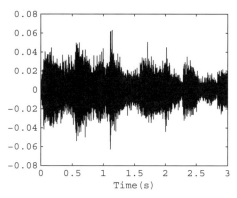

図10.1 `audiorecorder` を使って録音した
オーディオデータの一例

最初の入力引数はファイル名，二つ目が `getaudiodata` で得た出力引数，最後がサンプリング周波数です。ほかにもビットに関する値を設定することができます。詳しくはマニュアルを参考にしてください。

10.2　サイン波を分析してみる

　ここでは単純化のためにサイン波を分析します。分析と言ってもいろいろあると思うのですが，ここでは音の周波数分析をしてみます。難しそうに聞こえるかもしれませんが，実際に MATLAB で行うことは比較的シンプルです。ゴールとしては，「振幅周波数スペクトル」をグラフ表示するところとします。

10.2.1　振幅周波数スペクトルって？

　まず簡単に振幅周波数スペクトルについて説明します。振幅周波数スペクトルという言葉は「振幅」＋「周波数スペクトル」という二つの言葉が足し合わされたものです。ということで「振幅」からおさらいして，「周波数スペクトル」に話を進めていきます。

　9章で周波数 440 Hz のサイン波をつくって，図9.5にグラフ表示をしましたが，あのサイン波は振幅が 1 のサイン波でした。つまり波の大きさが −1〜1 の間で繰り返されるものです。周波数を f として数式で表現すると

$$A \times \sin(2\pi f t) \qquad (ただし，A \geq 0)$$

の A が振幅です。ここでさらに当たり前のことを言いますが，この数式からもわかるように，このサイン波は 440 Hz という周波数を一つだけ持つ，つまり単一の周波数を持つ信号です。ということは，横軸を周波数としたグラフ表示をすることを想像すると，周波数 440 Hz の

ところでぴんと一本だけ値を持つ（ほかはゼロ）グラフになることが予想できます。この横軸を周波数とし，その振幅を縦軸に取ったものを**振幅周波数スペクトル**と呼びます。

　この振幅周波数スペクトルをもっと身近にイメージするために**図10.2**を見てください。これは iTunes というソフトウェアに付属のイコライザというものです。似たようなものを一度くらいは見たことがあるのではないでしょうか？　この図の横軸（32，64，125，…）は周波数です。各周波数のスライダーは信号の振幅を dB（デシベル）単位で大きくしたり小さくしたりするためのものです。ちなみに dB は振幅を対数変換したものです。つまり，このイコライザは音楽の振幅周波数スペクトルを好みに応じて各周波数にて変化させるためのものです。

　さて結論からお見せしますと，周波数 440 Hz のサイン波とその振幅周波数スペクトルをグラフ表示したものが**図10.3**となります。振幅周波数スペクトルがある周波数（実際には

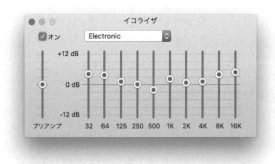

図10.2　iTunes に付属のイコライザ

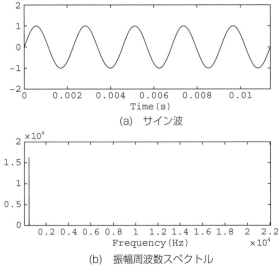

(a)　サイン波

(b)　振幅周波数スペクトル

図10.3　440 Hz のサイン波とその振幅周波数
スペクトル

440 Hz) のところでぴんっとなっていることが見て取れると思います。以降，このグラフが
どのように計算され，描かれたのかを解説していきます。

10.2.2 時間データを周波数データにするには高速フーリエ変換 fft

ところで「フーリエ」という言葉を聞いたことがあるでしょうか？ フーリエ (Jean Baptiste
Joseph Fourier) は 18 世紀から 19 世紀にかけて活躍したフランスの数理物理学者の名前で
す。彼は，複雑な波は単純な波の足し合わせであることを発見した高名な学者です。理工系
の大学を卒業する前に一度は彼の名前を聞くことになるはずです。十中八九，それはフーリ
エ級数，あるいはフーリエ変換として聞くはずです。

じつはこのフーリエ変換という変換が，いまのわれわれの目的である振幅周波数スペクト
ルを得るために必要となります。なぜならこのフーリエ変換こそが，時間データを周波数デー
タに変換するものだからです。言い換えれば，時間領域と周波数領域を行き来するための道
具なわけです。そして詳細は省きますが，このフーリエ変換をディジタル化し，さらに計算
を高速化したものに**高速フーリエ変換**という手法があります。ここではこの高速フーリエ変
換を使って，サイン波を周波数データに変換していきます。

まずは，9.1.3 項で作成した 440 Hz のサイン波を準備しましょう。以下に再度示しておき
ます。

```
1  clear;clc;

2  fs = 44100;
3  t = 0:1/fs:1-1/fs;
4  f = 440;
5  y = sin(2*pi*f*t);
```

サンプリング周波数は 44 100 Hz とし，サイン波の長さは 1 秒としています。つまり，作
成したサイン波 y の length(y) は 44 100 点となります。先ほど，簡単に説明しましたが，
じつはフーリエ変換が高速フーリエ変換となった最大の理由は，変換対象の信号のデータ点
数に深く関係しています。具体的に言いますと，信号のデータ点数が 2 のべき乗の場合に，
フーリエ変換は高速フーリエ変換として，文字通り高速に計算することができるのです。詳
細はディジタル信号処理の本を別途参照してください。

さて作成したサイン波のデータ点数は 44 100 点でした。この 44 100 に最も近くて，それ
を超えない 2 のべき乗は $2^{15} = 32\,768$ ですね。そして，このサイン波は 440 Hz ですから，
1 秒間に 440 回振動します。つまり，44 100 点のサイン波は 440 回周期的に振動していると
いうことです。

なにを言いたいかと言いますと，仮に 44 100 点のデータを 32 768 点に削減したとしても，

少なくとも 300 回以上は振動しているので，削減しても周波数を分析するにはさほど問題にはならないだろうということです。ということで，44 100 点のデータを 32 768 点に切り出します。以下のコマンドを先のサイン波作成プログラムに追記してください。

```
6  N = 32768;
7  yy = y(1:N);
```

これで高速フーリエ変換の前の準備ができました。

つぎにこのサイン波 yy を高速フーリエ変換を使い，時間領域から周波数領域に変換します。高速フーリエ変換は，英語では "Fast Fourier Transform" と言い，略して FFT と呼ばれます。MATLAB ではこの FFT がそのままコマンドになっており，fft として実行することが可能です。

では早速，FFT を行います。FFT はたったのこの 1 行です。

```
8  Y = fft(yy, N);
```

計算ができましたので，一度 plot(Y) を実行し，結果を確認してみましょう。結果を**図 10.4**に示します。

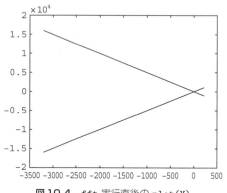

図 10.4 　fft 実行直後の plot(Y)

図を見ると，直線が 2 本の意味のわからないグラフとなりました。では，whos コマンドでどういうデータが Y として出力されたのか確認してみます。すると，変数 Y のところのAttributes の項目にだけ，見慣れない "complex" の表示があることに気づいたでしょうか？この complex とは，辞書を引くとわかりますが，複素数のことを意味しています。つまり，fft 後の変数 Y は複素数であるということになります。そのため，図 10.4 は意味不明なグラフ表示，つまり自動的に複素平面表示になっていたということになります。じつは，フーリエ変換は実数データを周波数データに変換すると，その結果が複素数になるという性質があります。ここも詳細はディジタル信号処理の教科書に任せますが，この性質だけは頭に入れ

ておいてください。

　ここでFFTを行ったそもそもの目的に一度立ち戻りたいと思います。FFTを行ったのは，振幅周波数スペクトルを表示するためでした。さらに言えば，周波数スペクトルを得るには時間データであるサイン波を周波数データに変換する必要があったからです。つまり，現在得られている変数 Y は，周波数スペクトルではあっても，振幅周波数スペクトルではないということです。

　サイン波の振幅がその波形の大きさであったことを考えると，周波数データになったとは言え，さらに複素数のデータになったとは言え，振幅はそのデータの大きさであると考えるのは直感的に理解できるのではないかと思います。

　では 3.1.3 項で示した複素数の大きさを計算するコマンド（絶対値）である abs をここで利用したいと思います。そしてその結果は，期待通り実数になるはずです。つまり

```
9    YY = abs(Y);

     plot(YY);
```

として，再度結果の YY を**図10.5**にグラフ表示してみます。

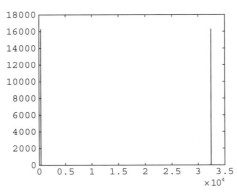

図10.5　abs を使用した結果の plot(YY)

　雰囲気は図10.3(b) のグラフに近づいてきたことがわかると思います。しかし図10.5は，二つの周波数（横軸）で値を持っています。元は 440 Hz のサイン波ですから，一つの周波数のみで値を持つはずです。それに加えて，横軸の最大範囲が 32 768 点のデータを表示するために，自動的に 35 000 となっています。つまり現状では，横軸は**周波数軸**になっておらず，データ点数になっているということになります。これをきちんと周波数軸にしなければなりません。まずは，横軸を周波数軸にするところから続けます。

　時間軸を 9.1.2 項で作成しましたが，周波数軸もじつは似たようなものです。周波数軸の上限はサンプリング周波数によって決まります。つまり，32 768 点目は 44 100 Hz と対応し

ます。したがって各データ点の一つの間隔は，44100/32768 = fs/N であるということがわかります。したがって，周波数軸 ff は

```
10   ff = 0:fs/N:fs - fs/N;
```

とすればよいことがわかるかと思います。

　この周波数軸を入力引数として plot(ff,YY) を実行すると，**図10.6**のように横軸が周波数になりました（ただし最大値は 44 100 Hz を表示するために自動的に 45 000 Hz になっています）。

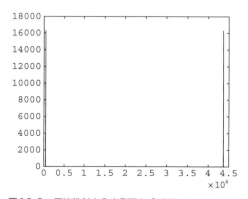

図10.6　周波数軸を入力引数に含めて plot(ff,YY)

　そしてもう一方の二つの周波数値の問題です。この問題を紐解くには，ディジタルオーディオを扱う上で避けては通れないサンプリング定理という理論を理解する必要があります。ここではその結論だけを示します。サンプリング定理という理論によってディジタル化された信号の "有効な" 周波数範囲の上限は

$$\frac{\text{サンプリング周波数}}{2} \text{未満}$$

なのです。"有効な" という言葉の意味は，その周波数範囲の値は理論的に保証され，使うことができるという意味です。したがって，もし 8 000 Hz までのディジタル信号を利用したい場合は，少なくともその倍の 16 000 Hz よりも高いサンプリング周波数でディジタル化する必要があるということです。この例で使用した 44 100 Hz というサンプリング周波数は，じつは CD で用いられているサンプリング周波数と同じで，この場合の有効な周波数範囲の上限は

$$\frac{44\,100}{2} = 22\,050 \text{ Hz}$$

ということになります。この CD のサンプリング周波数は，人間が聴くことができる平均的な周波数範囲の上限をカバーするように設計されています。人間の可聴周波数範囲は，一般に 20〜20 000 Hz であると言われています。つまりサンプリング周波数を 44 100 Hz とすれば，少なくとも人間の可聴周波数範囲の上限をカバーできることになります。

　以上のことから，サンプリング定理で保証された周波数範囲にグラフ表示を制限するには，xlim コマンドで横軸を制限すればよく

```
    xlim([20 fs/2]);
```

とすると，グラフ表示結果は**図10.7**のようになります。

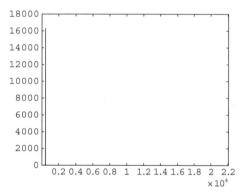

図10.7　周波数軸を有効な範囲に制限した plot(ff,YY)

　これで，最初に想定した図 10.3 (b) のグラフのように，一つの周波数値に対してのみ値を持つグラフ表示となりました。しかしながら，この表示では 440 Hz で値を持っているかを視覚的に判断するのが困難です。より低い周波数範囲を詳しく見るために，音響信号処理の世界では横軸を対数の周波数軸（片対数グラフ）にすることが多々あります。MATLAB ではこの片対数グラフも簡単に表示することができます。plot コマンドの代わりに，semilogxコマンドを使えばよく

```
11  semilogx(ff,YY);
12  xlim([20 fs/2]);
```

とすると，グラフ表示結果は**図10.8**のようになります。ようやくグラフの横軸は対数周波数軸になりました。

　10^2 が 100 Hz に対応しており，同様に 10^3 が 1 000 Hz ですから，440 Hz 辺りに値を持つグラフになっていることが読み取れます。これまでのプログラムをまとめて下記に示しておきます。

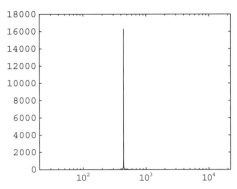

図10.8 周波数軸を片対数グラフ表示にした
`semilogx(ff,YY)`

```
1   clear; clc;
2   fs = 44100;
3   t = 0:1/fs:1-1/fs;
4   f = 440;
5   y = sin(2*pi*f*t);

6   N = 32768;
7   yy = y(1:N);

8   Y = fft(yy,N);
9   YY = abs(Y);

10  ff = 0:fs/N:fs - fs/N;
11  semilogx(ff,YY);
12  xlim([20 fs/2]);
```

―― 演 習 問 題 ――

【10.1】 音の時間波形のベクトル x を高速フーリエ変換によって周波数データに変換するためのコマンドを答えなさい。また高速フーリエ変換を行うためには，データ点数はどのような値であればよいか答えなさい。

【10.2】 9章の演習問題【9.1】で作成したサイン波を4 096点で高速フーリエ変換し，その振幅周波数スペクトルを横軸を周波数として描画するプログラムをつくりなさい。

【10.3】 問題【10.2】のグラフにおいて，横軸を対数軸とするコマンドを答えなさい。

11

超簡単なノイズ低減&リバーブ！
― じつは音響信号処理のキホン ―

　本章では，MATLAB を使って，録音された音を加工します。ここでいう加工とは，雑音が付加された音信号から雑音を低減させることと，音信号に響きを付加する二つの処理のことです。これら二つの加工に共通することは，音信号がある線形システムを通過し，出力信号が生成されるという点です。まず，MATLAB とは直接的に関係はありませんが，この線形システムとはなにかを改めて考えたうえで，処理のプログラミングに進みたいと思います。

ゴール　線形システムの理解，移動平均のプログラミング，conv コマンドを使うだけでなく，畳込み演算の計算ができるようになる！

11.1 　信号を処理する線形システム

11.1.1 　世の中に数多くある線形システム

　本章ではとてもシンプルな雑音抑制処理と，音に響きを付加する処理の二つを，MATLAB を使って行っていきます。これら二つの処理に共通することはなんでしょうか？ それは，入力が**線形システム**を通過して，出力が生成されるというしくみです。言葉で説明するよりも図で表したほうがわかりやすいと思いますので，つぎの**図11.1**を見てください。

図11.1　入出力と線形システムの関係を表す概念図

　じつは，10 章で行った FFT の処理も同じく線形システムで，サイン波という時間データを入力し，FFT というシステムを通過し，出力として周波数データを得るというものでした。本章で行う雑音抑制処理も，入力は雑音が付加された信号，線形システムはなんらかの雑音抑制処理，出力は雑音が低減された信号ということになります。そして，響きを付加する処理も，入力は単に録音された音声，線形システムは響きを付加する処理，出力は響きが付加された音声ということになります。このようなシステムで表される処理は世の中に数多くあるため，線形システムを理解することは非常に有益です。

11.1.2 線形とは？

ところで先ほどから使用している「線形」という言葉の意味はわかりますか？ じつは文字通りの意味で，「線の形」をしたシステム，つまり直線のシステムということです。とは言え，意味がわからないと思いますので，ほんの少し数学的にその意味を説明します。

例えば，$x_1(t)$ が入力されたときの出力が $y_1(t)$ だったとします。同様に，$x_2(t)$ が入力されたときの出力が $y_2(t)$ だったとします。このとき，$x_1(t) + x_2(t)$ が入力されたとき の出力が $y_1(t) + y_2(t)$ となった 場合，通過したシステムのことを 線形システム と言います。

もし，システムが単純に入力を「a 倍」するものであったとき，このシステムは線形と言えるでしょうか？ この問いに答えるには，一つずつ紐解いていくことで確認することができます。

$$\begin{array}{lcl} \text{入力} & & \text{出力} \\ x_1(t) & \longrightarrow & y_1(t) = a * x_1(t) \\ x_2(t) & \longrightarrow & y_2(t) = a * x_2(t) \end{array}$$

$$x_1(t) + x_2(t) \quad \longrightarrow \quad a * (x_1(t) + x_2(t)) = a * x_1(t) + a * x_2(t) = y_1(t) + y_2(t)$$

となり，この「a 倍のシステム」は線形システムであることがわかります。

では，システムが入力を「二乗」するものであったとき，このシステムは線形と言えるでしょうか？ 同様に紐解いてみましょう。

$$\begin{array}{lcl} \text{入力} & & \text{出力} \\ x_1(t) & \longrightarrow & y_1(t) = x_1{}^2(t) \\ x_2(t) & \longrightarrow & y_2(t) = x_2{}^2(t) \end{array}$$

$$\begin{aligned} x_1(t) + x_2(t) \quad \longrightarrow \quad & (x_1(t) + x_2(t))^2 = x_1{}^2(t) + x_2{}^2(t) + 2x_1(t)x_2(t) \\ & = y_1(t) + y_2(t) + 2x_1(t)x_2(t) \end{aligned}$$

となり，線形システムではありません。以上の二つの例で理解できたと思いますが，a 倍というのは $y = ax$ という直線，二乗というのは $y = x^2$ という曲線で表されますから，$y = ax$ は線の形をした変換という意味で線形システム，$y = x^2$ は曲線なので線形システムではありません。ちなみに，この二次以上の曲線による変換は「非線形システム」と呼ばれます。

11.2 移動平均による雑音抑制処理

11.2.1 まずは使用する雑音付加音声信号の準備

では前節の線形システムを頭の片隅に置いて，雑音抑制処理のプログラミングに移っていきましょう。まず，10 章で録音した ".wav" ファイルを読み込みましょう。もし，録音したデータが音声でない場合は，10.1.2 項に戻って自分の音声を録音し準備をしてください。音声データがある場合は，つぎの audioread コマンドでデータを読み込みましょう。

```
[a,fs] = audioread('myvoice.wav');
```

図 10.1 に示したデータは実際には物音が録音されたものでしたので，それとは異なる音声データを使うことにします。音声データを読み込んだ結果，データ変数 a の長さ length(a) は 8 000 点，サンプリング周波数 fs は 8 000 Hz でした。つまり 1 秒間のデータです。入力として利用する信号は雑音が付加されているものが必要なので，ここではあえて人工的に雑音を付加しようと思います。そこで雑音として，MATLAB で白色雑音をつくります。詳しくは述べませんが，白色雑音は正規分布に基づいたランダム変数と考えてください。白色雑音は

```
n = 0.05 * randn(size(a));
```

とすることで作成することができます。掛け合わせている 0.05 は音声データに対して，適度

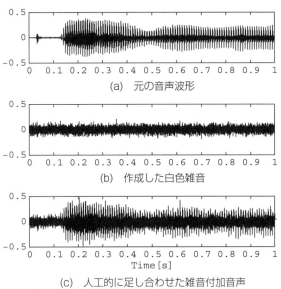

(a) 元の音声波形

(b) 作成した白色雑音

Time [s]

(c) 人工的に足し合わせた雑音付加音声

図 11.2 用意した信号

な振幅を持つように掛けていますので，利用する音声データの振幅と比べて大きすぎず，また小さすぎないように，適切に変更してください。randn コマンドは入力引数を先ほど読み込んだ音声データの大きさにすることで，出力される白色雑音のサイズが音声データと同じとなるように設定しています。したがって，変数 a と変数 n は同じ大きさの変数となったので，そのまま足し合わせることができます。

```
s = a + n;
```

以上で，雑音が付加された音声信号を人工的に作成することができました。**図11.2**に，元の音声，雑音，足し合わせた信号をそれぞれ，subplot コマンドを使って並べて表示します。

11.2.2　雑音を減らす方法を考えてみましょう

音響工学の分野では，雑音を抑制する方法はとても古典的な課題で，これまで非常に多くの手法が提案されてきました。ここで取り上げる方法は，**移動平均**（moving average：MA）と呼ばれるとてもシンプルな方法です。シンプルなだけに，方法を本質的に理解できると思います。またこの移動平均は，音響工学の世界だけではなく，経済学などでもよく使われる方法です。イメージをつかむために，**図11.3**を見てください。これは，日本円に対する英ポンドの価格変化のチャートです。横軸は年月日を表していますので，時間と価格のグラフということです。図中のギザギザ変化しているものが実際の価格なのですが，なだらかに変化

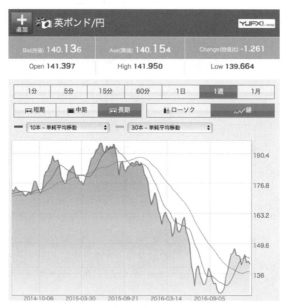

図11.3　外国為替の変動（Yahoo!ファイナンスの
英ポンドと日本円）

する二つの曲線に注目してください。この二つの曲線のうち，よりなだらかなほうが「単純平均移動 30 本」，もう一方が「単純平均移動 10 本」の曲線で，移動平均（図中では平均移動という言葉が使われていますが）を実際の価格に適用した結果です。移動平均を適用するとなにが起こるか，結論を言いますと，実際の価格は日々変化するために波形としてはギザギザしていますが，移動平均適用後は大きな変化はそのままで，ギザギザが取れて，滑らかな曲線になっています。つまり，大まかな変動を見るのに適した曲線に変えてくれます。これを音の世界で言えば，高い周波数（ギザギザした成分）を取り除く，ローパスフィルタとして機能することと言えます。

　では MATLAB を使ってより具体的に話を進めましょう。つぎのような配列があったとして，plot してみましょう。

```
a = [1 0 2 1 3 2 4 3 5 4 6 5 7 6 8 7 9 8 9 7 8 6 7 5 6 4 5 3 4 2 3];
plot(a,'x-');
```

すると**図11.4**(a) のギザギザしたグラフが表示されたと思います。

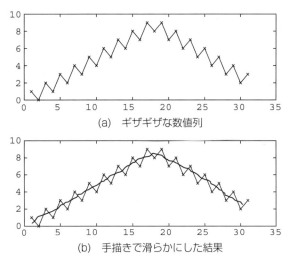

(a)　ギザギザな数値列

(b)　手描きで滑らかにした結果

図11.4　移動平均用のデータ例と手描きの結果

　このギザギザな数値列を直感に頼って手描きで滑らかにしようとすると，図 (b) のようになるかと思うのですが，こんなものだろうと納得できるでしょうか？　この手描きは直感に頼って描いたわけですが，このグラフをよく眺めてみると，隣り合う 2 点間の平均をおおよそ通っていることに気づくでしょうか？　じつはこれが移動平均の本質なのです。もう少し正確に言いますと，隣り合う 2 点を足して 2 で割り，つぎの隣り合う 2 点に移動して足して 2 で割る…これを繰り返し最後の点まで移動することが 2 点による移動平均です。この移動平均の計算を行うことで，先の手描きに近いグラフを描くことができます。

```
1   clear;clc;

2   a = [1 0 2 1 3 2 4 3 5 4 6 5 7 6 8 7 9 8 9 7 8 6 7 5 6 4 5 3 4 2 3];

3   len = length(a);                        % 配列 a の長さ

4   kekka = zeros(1,len-1);                 % 移動平均後の結果保存用変数

5   for n = 1 : len-1                       % 移動平均をすると 1 点少なくなる

6       kekka(n) = (a(n)+a(n+1))/2;         % 隣り合う 2 点を足して 2 で割る

7   end

8   subplot(211)
9   plot(a,'x-')
10  xlim([0 35])
11  title('(a)')

12  subplot(212)
13  plot(kekka,'x-')
14  xlim([0 35])
15  title('(b)')
```

この 2 点の移動平均を上のようにプログラムとし実行すると，**図11.5**が表示されます。

　プログラムのコメントにも書きましたが，2 点を足して 1 点をつくるので，もともと 31 点あったものが，2 点の移動平均を行うと結果は 30 点になります。ですので，グラフ表示の際，重ね描きをするとずれてしまうので注意してください。結果を見ると，目的であったギザギザしていた元のデータが，滑らかなものになったと思います。

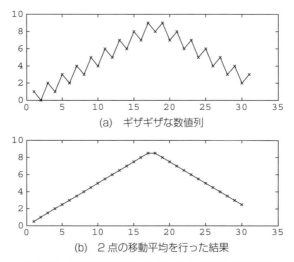

(a)　ギザギザな数値列

(b)　2 点の移動平均を行った結果

図11.5　移動平均用のデータ例と 2 点の移動平均の結果

　この計算を先ほど作成した雑音を付加した音声に適用するとどうなるか。結論を言いますと，白色雑音の高い周波数成分が消えます。当然，音声に高い周波数成分が含まれている場合では，その成分も影響を受け消えてしまいますので注意が必要です。実際の音声への適用は，是非一度トライしてください。また，ここでは 2 点の移動平均を取り上げましたが，3 点で平均を計算するとどうなるか，また 10 点でやったらどうなるか，なども雑音付加音声に適用してその違いを確認してください。特に，音を再生して聴こえ方がどう変化したのかをチェックすると面白いと思います。

11.3　音に響きを付加する畳込み演算

11.3.1　音の響きを付加するための問題設定

　さて，ここで話を雑音抑制から，音に響きを付加する話に変えていきます。図 11.1 の線形システムをイメージしながらつぎの**図11.6**を見てください。発声した「あ」をスピーカから響きのある部屋（例えばお風呂場）に流したとします。そして，同じ室内に置いたマイクで収音した音を聴いてみると「あ〜〜〜」のように響きが付加されるであろうことが想像できると思います。この響きが付加された音声を MATLAB で計算し，つくることができるでしょうか？　結論から言いますと，部屋の伝達特性（つまり響き）がわかっていれば計算してつくることは可能です。より具体的に言うと，入力の「あ」と部屋の伝達特性との**畳込み演算**で，出力の「あ〜〜〜」を計算することができます。この畳込み演算は，英語では "Convolution" と言い，数式で書くことができますが，一見ややこしく見えるので，数式を使わずに実際に計算することで，その演算方法を理解しましょう。

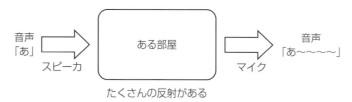

図11.6　響きを付加するシステムのイメージ図

　では図 11.6 を数字に置き換えて，より単純化して話を進めていきます。「あ」という音声を

```
a = [1 2 0];
```

という数列に置き換えます。そして部屋の伝達特性を

```
h = [2 2 1];
```

と置き換えます。図11.6の入力と部屋の伝達特性を数字に置き換えた様子を**図11.7**に示します。ではこれらの数字を使って，畳込み演算を行っていきましょう。

部屋の伝達特性

図11.7　図11.6の入力と部屋の伝達特性を
数字に置き換えた場合

11.3.2　畳込み演算を一歩ずつ

　入力は [1 2 0] という3点の数値列です。これが図11.7にあるように，スピーカから出力され部屋の中に出ていきます。ここで注意しなければならないことがあります。それは，この数値列が部屋の中に出ていく順番です。[1 2 0] という数値列は，このまま見ると1が時間的には最初で，0が一番最後です。つまり，1を現在と見れば，0は未来のデータです。したがって，この [1 2 0] は1から順番に部屋の中に出ていきます。そして，部屋の伝達特性 [2 2 1] を通過して，マイクで収音されます。この「部屋の伝達特性を 通過 して」の部分が畳込み演算になるわけですが，その概要を時刻ごとに**図11.8**に示します。時刻ごとに，入力が伝達特性の方向に1サンプルずつ進んでいくところを注意して見てください。各時刻における演算結果は，図中の吹き出しの部分を見ればわかると思います。結果としての出力は，入力が伝達特性と重なっていた時刻1～5までとなります。したがって

　　　　[2 6 5 2 0];

となります。これが畳込み演算の結果です。入力が3点，伝達特性が3点の畳込み演算でしたが，出力が入力よりも長くなっているところが重要です。もっと長い伝達特性と畳込み演算をすると出力は長くなります。つまり，言い方を変えると「響きが長く」なります。この畳込み演算をMATLABで行うには，じつは1行で済んでしまいます。

```
1  a = [1 2 0];
2  h = [2 2 1];

3  out = conv(a,h);
```

特に，入力の時間方向を反転する必要もなく，この畳込みのコマンドconvで十分です。このconvの結果と，先ほどのステップごとの計算結果を比べてください。同じになっているはずです。このconvコマンドを使えば，音声と実際の部屋の伝達特性の間の畳込み演算をして，響きをリアルに再現することができます。

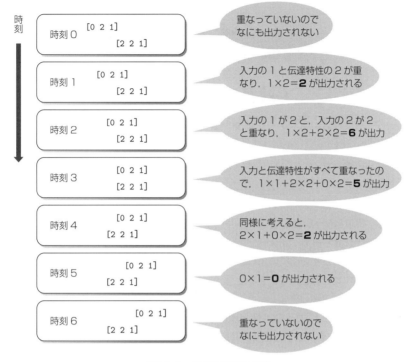

図11.8 畳込み演算の概要

—— 演 習 問 題 ——

【11.1】「線形システムとは，入出力関係が直線の関係にあるということである。」という定義は正しいか？ もし正しくないなら，その理由と例を示しなさい。

【11.2】 線形システムとは，あるシステムに x_1 を入力したときの出力が y_1，x_2 を入力したときの出力が y_2 となる場合において，(A) を入力したときに出力が (B) となるシステムと定義される。システムが関数 $y = f(x)$ として示されるとき，線形システムは $f(x_1 + x_2) =$(C) という関係が成り立つシステムということになる。
(A)〜(C) に適切な数式を書きなさい。

【11.3】 入力を x，出力を y とする以下のシステムは，線形システムか非線形システムか答えなさい。またその理由を数式を用いて示しなさい。
    (A) $y = 3x$　　(B) $y = x + 3$　　(C) $y = x^3$　　(D) $y = \mathrm{e}^{(2 + \log(x))}$
    (E) $y = \log(\cos(x) + i * \sin(x))$

【11.4】 a = [1 2 3]; b = [2 0 1 -1]; のとき，conv(a,b) の結果を求めなさい。

【11.5】 x = randn(20,1); で生成されるベクトル x の波形に対し，3点の移動平均を行った波形 y を計算するプログラムをつくりなさい。

12

GUIってなに？
― 日常にあふれているアプリの中身を知る ―

　　これまで行ってきた MATLAB の使い方は，コマンドウィンドウに直接入力しコンピュータから答えを返してもらう使い方と，エディタに何行ものコマンドを書き，".m" ファイルを実行することで計算結果を得る使い方の二通りでした。しかし本章では，これらの使い方とは異なり，アプリケーションをつくるような形で MATLAB を利用していきます。内容は，10 章で録音されたオーディオデータを読み込み，その振幅周波数スペクトルをグラフとして表示することとします。これにより計算方法の細かいところというよりは，GUI の使い方自体に意識を集中させることができると思います。この内容については本章と 13 章に渡って取り組み，完成を目指します。

　　ゴール　MATLAB による GUI 開発環境の起動・利用を行い，オーディオファイルの時間波形をグラフ表示できるようになる！

12.1　とりあえず GUI 開発環境を動かしてみる

　　突然 GUI と言って意味がわかるでしょうか？ 30 年くらい前であれば，MS-DOS（マイクロソフトの OS）の時代から Windows の時代に移り，さまざまな GUI アプリケーションが開発されたため，だれもが一度は聞いたことがある言葉だったと思います。GUI とは，<u>G</u>raphical <u>U</u>ser <u>I</u>nterface の略で，現在の Windows や Mac のように各アプリケーションを画面上のウィンドウ内につくり込み，そこに書き込んだり，表示したり，アイコンをマウスでクリックできるようにすることで，アプリケーションへの入出力を可能にしたインタフェース画面全般のことです（なかなか言葉にするのは難しいですが）。通常のプログラミングではなく，GUI 化するメリットは多種多様にあるとは思いますが，著者の経験上で言えば，被験者実験などを繰り返し行う際に，GUI の形でプログラムをまとめておくと，実験を簡単に，さらにスムースに行うことができるというメリットがあると思います。

12.1.1　GUI 開発は appdesigner で始まる

　　MATLAB には GUI の開発環境が準備されています†。まずはこの環境を使う練習から始

---

†　本書では，**appdesigner** コマンドを利用した方法を紹介しますが，MATLAB の過去のバージョンでは，**guide** コマンドを利用して GUI の開発を行うこともできます。

めていきたいと思います。MATLAB での GUI 開発の最初のステップは，つぎのコマンド

    >> appdesigner

をコマンドウィンドウに入力することで始まります。`appdesigner` は，application designer の略語です。このコマンドを入力すると，**図12.1**に示した App Designer のスタートページが立ち上がってくると思います。

図12.1　`appdesigner` コマンドを入力した後に表示される App Designer スタートページ

　このウィンドウ上の左上にある，[アプリ] セクションの＜空のアプリ＞をクリックしてみましょう。すると**図12.2**のような別のウィンドウ (ファイル名は，app1.mlapp) が画面上に現れます。

　このウィンドウのことを [**設計ビュー**] と呼びます。この [設計ビュー] にて，GUI の見た目に関わる部分を設計することになります。中央の空白の範囲 (**キャンバス**) が設計する GUI のウィンドウの大きさになります。では早速，左側の**コンポーネントライブラリ**にアイコンが並んでいると思いますが，その中の「ボタン」アイコンをドラッグして，**図12.3**のようにキャンバスのどこかに置いてみてください (キャンバスに配置されたもののことを**コンポーネント**と呼びます)。おそらく置いたままでは小さ過ぎると思いますので，少し大きくしてみてください。置いたコンポーネントの隅をクリックして引き伸ばすと大きさを変えられます。

　ボタンを大きくすることができたでしょうか？ そうすると気づくと思いますが，ボタンのサイズの割にその中に書かれている文字が小さいと思います。この文字を大きくするために，

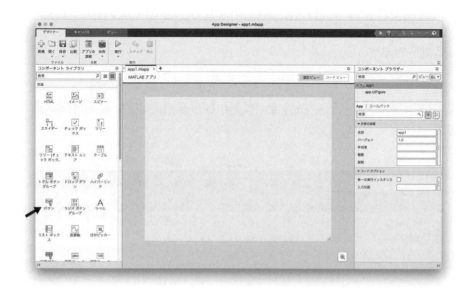

図12.2　新規 App Designer の開発画面

図12.3　ボタンコンポーネントをキャンバスに置いた画面

置いたボタンをクリックしてみてください。すると [設計ビュー] 右側の**コンポーネントブラウザー**の表示がわずかながらに変化し，**図12.4**のような表示になると思います。

　このコンポーネントブラウザーは，ボタンコンポーネントをクリックして表示したことからもわかる通り，ボタンのみに関するコンポーネントブラウザーです。少しスクロールして眺めるといくつかの項目（つまりパラメータ）が並んでいます。これらの一つひとつを変更

図12.4　ボタンに関する項目を
表示しているコンポーネントブ
ラウザー

することで，ボタンを細かく調整・変更することができます。この中で文字の大きさに関す
る項目は，"FontSize" になりますので，"FontSize" という項目の横に書かれている数字を
大きくしてみましょう。数字を大きくすると，キャンバスに置いたボタンコンポーネント内
の文字が大きくなるはずです。

　ついでにコンポーネントブラウザーにある "Text" という項目も，例えば "Open" といっ
た具合に変更してみましょう。表示されている "Button" という文字が "Open" に変更され
たと思います。

　練習ですので，いくつか並んでいるアイコンをいろいろと好きな場所に配置してみましょ
う。配置したら，コンポーネントブラウザーを見ながら，項目の設定を変更してみましょう。
コンポーネントを適当に（実際にはありえない場所に）配置してみた [設計ビュー] を**図12.5**
に示します。ひとまず適当に配置することに満足したら，この GUI を動かしてみたくなると
思います。そうしたら [設計ビュー] のメニューにある実行ボタン（緑色の三角のボタン）を
押してみましょう。

　実行ボタンを押すと，"app1.mlapp" ファイルを保存する画面が表示されますが，ファイ
ル名は気にせず，適切なフォルダにそのまま保存してみます。すると，**図12.6**のようなコン
ポーネントを適当に配置したキャンバスが実行された実行画面が表示されます。

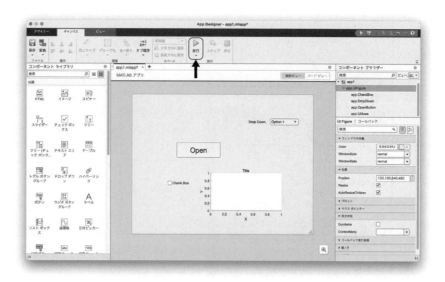

図12.5 各種コンポーネントを配置した設計ビュー

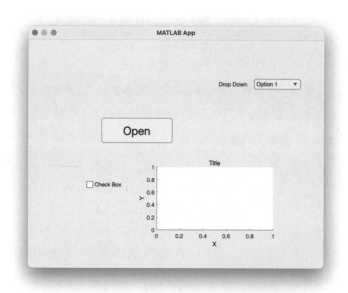

図12.6 キャンバスを実行した後の実行画面

　このウィンドウが実行画面ですので，配置したボタンを押すことができますし，なにも動作しないドロップダウンも開くことができます。チェックボックスにもチェックを入れることができますし，座標軸には空白のグラフの領域が表示されます。しかし，当然と言えば当然ですが，ボタンを押してもなにも起こりません。ここまでの作業では，キャンバス上に見た目に関わる部分を作成したに過ぎません。実際にボタンを押したときになにかが起きるよう

にするには，キャンバス上部にある [**コードビュー**] を選択することで表されるプログラム内
にその動作を書き込むことが必要になります。

12.1.2 GUI プログラミングはコールバック関数へ

　ここで一旦，appdesigner による GUI 開発環境で必要となるビューについてまとめてお
きます。appdesigner による GUI 開発環境で使用するビューは 2 種類あります。一つは，
キャンバスにコンポーネントを配置した，見た目に関わる部分を構成するための [設計ビュー]，
もう一方は，キャンバスを実行する際に自動的に生成された [コードビュー] です。

> **GUI 開発環境で必要となる二つのビュー**
>
> 設計ビュー：コンポーネントの配置や，各項目を記憶させておくビュー
> コードビュー：GUI を動作させるために必要なプログラムを記述しておくビュー

　先ほども言いましたが，見た目に関するものは [設計ビュー] ですが，実行画面での動作に
関するものはすべて [コードビュー] に書くことになります。では，その自動生成された [コー
ドビュー] 内のプログラムを見ていきましょう。

　その自動生成されたプログラムは，おそらく皆さんの環境でも約 80 行くらいになっている
のではないかと思います（見た目は 20 行程度になっているかもしれませんが，行番号の横の
すべてのプラスボタンを押すと畳まれている行が開き，80 行くらいになると思います）。そ
の大半は変更してしまうと，GUI 自体が実行されなくなってしまう可能性があるので，変更
できないようにグレー色になっていると思います。ボタンを配置した方をここでは前提にお
話を進めますが，ボタンが押されたときに，GUI 上でなんらかの動作をプログラムにさせる
にはどこにプログラムを追加していけばよいでしょうか？

　ボタンが押された場合の動作に関わるプログラムを書き込むには，**コールバック関数** (Call-
back) をプログラムに追加する必要があります。[設計ビュー] のキャンバスに配置したボタ
ンコンポーネントをクリックし，青くなるように選択した状態にして，キャンバスの上にあ
る [コードビュー] をクリックしてください。

　すると，**図 12.7** に示されているように，コンポーネントブラウザーの上部でハイライト
されている箇所が，app.OpenButton になっているかと思います。

　つぎに，この部分を改めて選択し水色のハイライトにした後，**図 12.8** に示す [コードビュー]
の左側にあるコードブラウザーを見てください。そこに緑色のプラスアイコンがあると思い
ます。

この緑色の＋のアイコンをクリックすると，画面中央に “コールバック関数の追加” という小

図 12.7　ボタンを選択した後に表示される
コンポーネントブラウザー

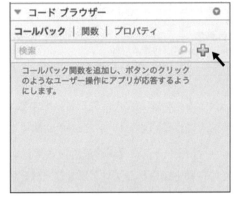

図 12.8　コールバック関数を追加するため
のコードブラウザー

さなウィンドウが表示されると思いますが，それは変更することなく，そのまま「コールバックの追加」を押します。そうすると，[コードビュー] 内のプログラムに数行追加され，書き込みが可能な 1 行が白くハイライトされた状態になると思います。そこには function で始まる 1 行と end があると思いますが，これがボタンに関するコールバック関数そのものであり，この 2 行の間にあるスペースが，ボタンが押された際に行いたい動作を書く場所になります。

```
function OpenButtonPushed(app, event)

end
```

ほかのコンポーネントを配置した方は，それぞれに対応したコールバック関数を同様の手順で追加することができるはずです。

では早速，このボタンのコールバック関数のスペースに，つぎの 2 行を追記してみましょう。

```
a = 1+2;
disp(a)
```

この 2 行を function OpenButtonPushed(app, event) の下に追記することでどういうことになるか,想像できるでしょうか? 想像できるとすれば,この後の GUI 構築を自分でどんどん進められそうです。それくらい基本はとても単純です。

では実行してみましょう。この 2 行を追記し,メニューにある緑色の実行ボタンを押すと,GUI 実行画面にたどり着きます。そこでボタンを押すと,コマンドウィンドウに数字の「3」が表示されるはずです。**図12.9**のように数字の「3」がボタンを押すたびに表示されるでしょうか?

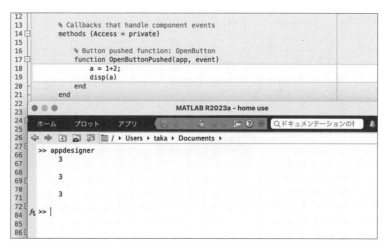

図 12.9　2 行を追記したプログラムと,3 度ボタンを押してコマンド
ウィンドウに 3 を表示させた例

ここまでできれば,ひとまず GUI 開発環境を扱う基本は大丈夫です。ほかのコンポーネントに対してもやることは同じです。対応するコールバック関数を追加し,その下に希望する動作になるようプログラムを書いていくことが一番大切な部分です。

12.2　音の分析アプリを GUI 開発環境を使ってつくってみる

10 章で FFT コマンドを使って,サイン波を分析し,振幅周波数スペクトルをグラフ表示しました。本章の後半と 13 章を使って,10.2 節で行ったことを appdesigner による GUI 開発環境を使って,GUI 化してアプリをつくってみようと思います。

本章の前半で学んだ GUI の基本と,10.2 節の振幅周波数スペクトルの表示をきちんとやっていれば問題なくできるはずです。

12.2.1　appdesigner を入力する前にしておくこと

まずはじめに,このようなアプリをつくるときに最も大切なことは,「最終型をどのような

ものにするか」を考える（想像する）ことです。これができていないと，途中行き先を見失ってしまい，なかなかアプリを完成させるというゴールにたどり着けません。手書きでもよいので，どういうものにするのか，できるだけ具体的に書き出したりすることが大切です。例えば，ここにグラフを表示して，この辺りにボタンを置いて，チェックボックスをいくつ配置して，どういうラベルにして…などなどです。

　ここでは，想像した最終型ではありませんが，こういうものをつくりたいという例として，実際にでき上がったものを示したいと思います。本章では，**図12.10**の上半分の完成を目指したいと思います。

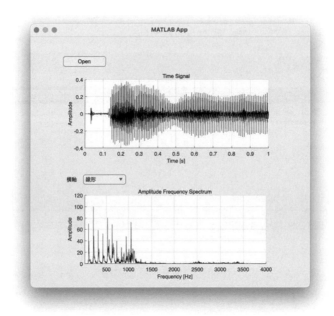

図12.10　アプリケーション完成予定図

12.2.2　まずはオーディオファイルを読み込んで上半分に plot してみる

　まず，このアプリでなにを行うのかをハッキリさせておきましょう。**図12.11**に図12.10のキャンバスを示します。図12.11のキャンバスを見るとわかりますが，最上部にボタンを配置しました。まずこのボタンを押すことで，(a) オーディオファイルの選択を行うウィンドウを表示し，ファイルを選択します。ファイルを選択すると，(b) 二つの座標軸の上側にそのオーディオファイルの時間波形を自動的にプロットします。同時に grid と title, xlabel, ylabel を表示します。グラフの横軸が時間になるように，時間軸も準備します。ファイルを選択するのは，このアプリケーションを利用するユーザーの作業ですが，実質的にこの (a) ファイル選択画面の表示と (b) 上の座標軸に選択されたオーディオファイルの時間波形を表

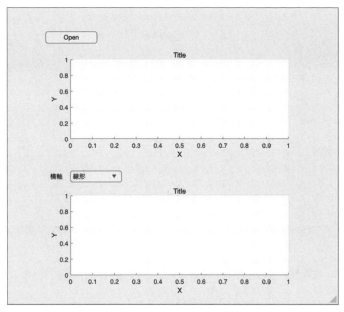

図12.11　図 12.10 のキャンバス

示するプログラムを本章で作成していきます。またさり気なくドロップダウンも配置してい
ますが，これは 13 章にて扱いますので，ひとまず配置だけして放置しておきます。

　まず最初にしなくてはいけないことは，[コードビュー] 内にプログラムを書く場所をつく
ることになります。これは 12.1.2 項でも行った通りコールバック関数を追加することなので
すが，ボタンが押されたときにファイルの選択画面を表示するので，そのコールバック関数
はボタンのコールバック関数になります。12.1.2 項で行ったのと同様に，ボタンのコールバッ
ク関数を追加して，`function OpenButtonPushed(app, event)` の行を探してください。

　ボタンのコールバック関数が見つかったら，その下にファイル選択画面の表示をさせる
`uigetfile` コマンドを書きます。基本的な使い方としては

```
[fname, dpath] = uigetfile;
```

となります。ここで出力引数の `fname` はユーザーにより選択されたファイル名の文字列が与
えられ，`dpath` はその選択されたファイルが保存されていたディレクトリ（フォルダ）までの
パスが同様に文字列として与えられます。とにかくこの 1 行をそのままボタンのコールバッ
ク関数の下に追記し実行すると，**図12.12**のようなファイル選択画面が表示されるはずで
す[†]。

　しかし，画面下の＜オプションを表示＞を選択し，「有効」の欄を見るとわかりますが，Mac

[†]　MacOS においてはファイル選択画面が背面に隠れてしまうことがあり，開発元である MathWorks 社
　　に通知済みです。同社では現象の再現を確認済みで，将来の開発で対応できるか検討中とのことです。

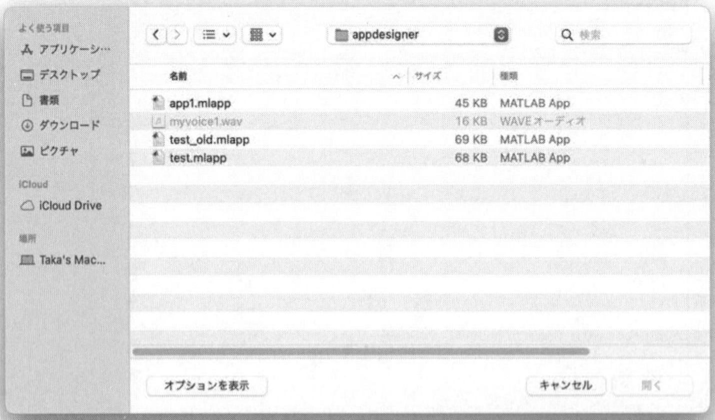

図 12.12　`uigetfile` コマンドで表示されたファイル選択画面

では上記の `uigetfile` の使用法では，選択可能なファイルの種類が「すべての MATLAB ファイル」となり，".wav" ファイルに制限がかかった表示になっていません（ちなみに Windows 環境では＜オプションを表示＞がそもそもありません）。これをほかのファイル形式は選択できないように設定することがつぎの `uigetfile` の表記で可能になります。

```
[fname, dpath] = uigetfile('*.wav');
```

　では，`uigetfile` コマンドによりファイルの選択画面を表示し，ユーザーによってある ".wav" ファイルが選択されたとしましょう。すると，`uigetfile` コマンドの出力引数（ここでは `fname` と `dpath`）にファイル名とそのパスが文字列として代入されます。これらの変数を使ってつぎにファイルを読み込むのですが，ファイル名だけではこのファイルがどこに保存されているファイルなのかがわからず問題を起こす可能性があるので，パスとファイル名の文字列をつぎのコマンドで連結します。

```
fpath = strcat([dpath, fname]);
```

この `strcat` コマンドにより，文字列を水平方向に結合することができます。この出力引数 `fpath` を `audioread` でコマンドでつぎのように読み込み，時間軸も一緒に作成します。

```
[a, app.fs] = audioread(fpath);
t = 0:1/app.fs:length(a)/app.fs-1/app.fs;
```

ここまでできれば後は `plot` コマンドを使ってグラフ表示するだけなのですが，上の 2 行の中にこれまで見たことがない表記があることに気づいたでしょうか？　`app.fs` のことです。

　app というのは MATLAB によって最初から確保されている変数で，**オブジェクト**という
型の変数なのです。オブジェクトを簡単に言えば，一つの変数（この場合 app という変数）
の中に，複数の変数（この場合 fs という一つの変数）が格納されている変数の型です。格納
されているそれらの一つひとつは**プロパティ**と呼ばれ，app の後に，．（ドット）をつけてそ
れぞれの変数名を追記することで利用できます。ただし，app の中に好きなプロパティ（今
回で言えば，"fs" という変数）を追加・利用するには，じつはもうひと手間かかります。

　[コードビュー] のメニューを見てください。そこに赤い色の「プロパティ」というアイコ
ンがあると思います。そのアイコンの下に小さな「下矢印」があると思いますので，そこを
クリックし，「プライベートプロパティ」を選択してください。すると，[コードビュー] の中
に以下の行が追加されると思います。

```
properties (Access = private)
    Property % Description
end
```

　この 3 行の中の Property の部分を消して，ここでは fs と変更してください。さらにほ
かの変数を app オブジェクトの中に追加して利用する際は，このひと手間が必要になります。
　そして大事なことは，なぜこの app オブジェクトを使うのかということです。それは（13
章に入るとその必要性がわかると思いますが），複数のコールバック関数間で app オブジェク
トを介して変数のやり取りする必要があるからです。これは，12.1.2 項で示したように，コー
ルバック関数 function OpenButtonPushed(app, event) の 1 番目の入力引数に app が
定義されていることからもわかります。
　ここで一度，図 12.11 の設計ビューのキャンバスに戻りましょう。座標軸を上下に二つ確
保しましたが，上の座標軸をどのように指定して plot コマンドを使えばよいのでしょうか？
図 12.3 と図 12.4 でボタンのコンポーネントを見たときのように，上の座標軸をクリックし
てみると，それが青い枠線に囲まれて，コンポーネントブラウザーの app.UIAxes がハイラ
イトされると思います。これはつまり，上の座標軸には app.UIAxes という名前がつけられ
ているということです。見当がつくかもしれませんが，このコンポーネントもまた，じつは
app オブジェクトの中に格納されています。
　では，この app.UIAxes を使い，上の座標軸に時間波形を表示します。これまで使ってき
た plot コマンドの入力引数の先頭に新たに一つ加え

```
plot(app.UIAxes,t,a,'k');
```

とすれば上の座標軸に時間波形が表示されるはずです。app.UIAxes_2 のほうに表示したい
場合は，plot(app.UIAxes_2,t,a,'k'); とすれば大丈夫です。

　さて，グラフが表示された後は，title, xlabel, ylabel, grid のようなコマンドも同様に，app.UIAxes を各コマンドの 1 番目の入力引数として指定して使います。ここまで行った GUI プログラミングで，ボタンのコールバック関数内に追記したコマンドをまとめるとつぎのようになります。

```
1  function OpenButtonPushed(app, event)

2      [fname, dpath] = uigetfile('*.wav');

3      fpath = strcat([dpath, fname]);
4      [a, app.fs] = audioread(fpath);
5      t = 0:1/app.fs:length(a)/app.fs-1/app.fs;

6      plot(app.UIAxes,t,a,'k');
7      title(app.UIAxes,'Time Signal','FontSize',12);
8      xlabel(app.UIAxes,'Time [s]','FontSize',12);
9      ylabel(app.UIAxes,'Amplitude','FontSize',12);
10     grid(app.UIAxes,'on');

11 end
```

　では最後に，実行結果の画面を**図12.13**に示します。

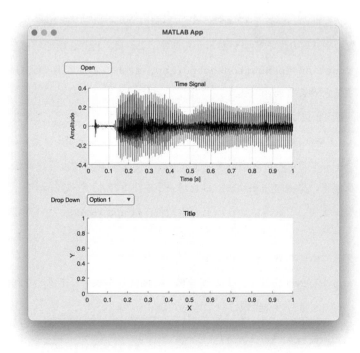

図12.13　これまでに作成した GUI プログラムの実行結果画面

── 演 習 問 題 ──

【12.1】 GUI 開発環境を起動するためのコマンドを答えなさい。またそのコマンドは，なんの英語の略と考えられるか答えなさい。

【12.2】 配置したコンポーネントの項目を変更するためのウインドウの名称を答えなさい。

【12.3】 app オブジェクトに変数 a を追加し，そこに値 3 を代入するとき，どのように記述すればよいか。また，変数 a を app オブジェクトに追加するにはどのような手続きを事前に行えばよいか。

【12.4】 GUI 利用中にユーザーがファイルを選択する際，「ファイルを開く」ダイアログを表示し，ファイル名などの情報を得るためのコマンドの名称を答えなさい。

13

アプリをつくる側になってみる
― 結局 MATLAB って簡単だったね ―

　12 章で取り組んできた GUI 開発環境を使ってのアプリケーション作成は，これまでの MATLAB プログラミングとは一味違うものとして理解できたのではないでしょうか？ 本章では，作成が途中となっているアプリケーションを仕上げます。10 章で行った振幅周波数スペクトルをグラフとして表示しますが，横軸の表示をドロップダウンによって，適宜切り替える動作を書き込みます。その際，app オブジェクト変数を用いて，二つのコールバック関数の間で変数のやり取りをします。そして最後により良いアプリケーションとするために，予期せぬアプリケーションの使用によるエラーの回避を行います。

　ゴール　オーディオファイルの振幅周波数スペクトルをグラフ表示できるようになる！

13.1　appdesigner コマンドで GUI 開発環境を再起動

13.1.1　12 章のおさらいと本章でやることの確認

　appdesigner コマンドをコマンドウィンドウに入力して，12 章で作成した ".mlapp" ファイルを開き，どこまで作成したか確認するために実行してみましょう。確認するポイントは

確認のポイント
- A.　ボタンを押して，".wav" ファイルを選択する画面が表示されるか。
- B.　".wav" ファイルを選択したら，UIAxes にその時間波形が表示されるか。

の 2 点です。これらが上手く表示されたら，つぎのステップに進みましょう。今回のアプリケーションのゴールとなる想像図は，図 12.10 に示しました。少し振り返って眺めてください。そして具体的に行う作業を考えます。本章で行う作業のうち，一つ目に行うことは

---
1. UIAxes_2 のグラフ表示領域に，振幅周波数スペクトルを表示させること。
   - →　ボタンを押して，".wav" ファイルを読み込んだら，自動的に時間波形と振幅周波数スペクトルを表示する。
   - →　つまり，振幅周波数スペクトルを計算して，表示させるプログラムは，時間波形の表示と同じボタンのコールバック関数内に書き込む。

と考えられます。では，まずこの一つ目の作業を行っていきましょう。

13.1.2　どんなオーディオデータでも対応できることが重要

　ここでは，10.2.2 項で行った FFT を利用して，振幅周波数スペクトルを計算し，グラフ表示することを行います。ユーザーによって選ばれる".wav"ファイルは残念ながら前もってどういうものであるのかわからないことがほとんどです。つまり，それは極端に長いオーディオデータかもしれませんし，あまり一般的ではないサンプリング周波数のデータかもしれません。それでも，これから描く振幅周波数スペクトルの横軸の周波数はきちんと表示される必要があります（10.2.2 項を参照）。また，FFT の点数は原則的に，2 のべき乗にすることが高速に計算するためには必要だという話もしました。

　例えば，オーディオデータの変数を a とし，length(a) が 8 000 だったとしましょう。この場合，FFT を利用するためには，8 192 点（$= 2^{13}$）の点数にして FFT を行うことがベストです（つまり 192 点のゼロを後ろに追加して擬似的に 8 192 点にするという意味）。したがって，選ばれた".wav"ファイルの長さから，FFT の点数を計算する必要があるということです。

　これを行うのに非常に有効なコマンドが用意されています（むしろこのためにつくられたと言っても過言ではない）。一般的な表現で示しますと

```
N = nextpow2(M);
```

です。この nextpow2 コマンドは，入力引数 M よりも大きい数字で，最も M の値に近い，2 のべき乗の 指数 を返します。例えば

```
N = nextpow2(10);
```

とすると，10 を越える 2 のべき乗で最小のものが 16（$= 2^4$）ですので，N は指数の 4 となります。

　ここまでの説明と，10.2.2 項で行った FFT の使い方などを参考にしながら，12 章で書いたボタンのコールバック関数の続きに，UIAxes_2 に振幅周波数スペクトルを表示するプログラムを追記してみましょう。うまく行けば，**図13.1**のような実行画面が表示されます。

　ここまでのプログラムをリストとして以下に示しておきます。単にコピーするのではなく，1 行ずつ正確に確認をしてください。

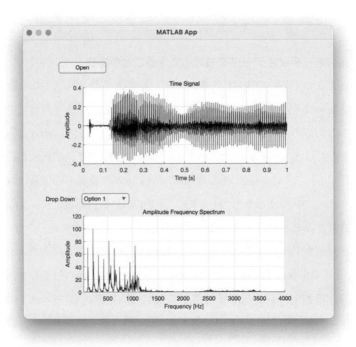

図13.1　振幅周波数スペクトルまでを表示するプログラムの実行結果画面

```matlab
1  % Button pushed function: OpenButton
2  function OpenButtonPushed(app, event)

3      [fname, dpath] = uigetfile('*.wav');
4      fpath = strcat([dpath, fname]);
5      [a, app.fs] = audioread(fpath);
6      t = 0 : 1/app.fs : length(a)/app.fs-1/app.fs;

7      plot(app.UIAxes,t,a,'k');
8      title(app.UIAxes,'Time Signal','FontSize',12);
9      xlabel(app.UIAxes,'Time [s]','FontSize',12);
10     ylabel(app.UIAxes,'Amplitude','FontSize',12);
11     grid(app.UIAxes,'on');

12     N = 2^nextpow2(length(a));
13     A = abs(fft(a,N));
14     f = 0 : app.fs/N : app.fs-app.fs/N;

15     plot(app.UIAxes_2,f,A,'k');
16     title(app.UIAxes_2,'Amplitude Frequency Spectrum','FontSize',12);
17     xlabel(app.UIAxes_2,'Frequency [Hz]','FontSize',12);
18     ylabel(app.UIAxes_2,'Amplitude','FontSize',12);
19     grid(app.UIAxes_2,'on');
20     xlim(app.UIAxes_2,[20 app.fs/2]);

21 end
```

以下をチェックし，大丈夫そうであれば，つぎに進んでドロップダウンを触ってみましょう。

確認のポイント

A. 時間波形の横軸が，きちんと秒の単位になっているか。

B. 振幅周波数スペクトルの横軸が，信号のサンプリング周波数に合わせて変化しているか。

C. さまざまなオーディオデータを読み込んで，どのデータもきちんと表示されるか。

13.2 **複数のコールバック関数間を行ったり来たり**

12 章ですでにドロップダウンをキャンバスに配置した方もいるとは思いますが，もしまだであればここで図 12.11 のキャンバスを参考に，ドロップダウンを配置してください。配置をした後，12.1.2 項でボタンのコールバック関数を追加したときと同様に，ドロップダウンのコールバック関数を追加してください（注意：[設計ビュー] のキャンバス上で，"Drop Down"と書かれているラベルの部分は除外した上でコンポーネントを選択し，[コードビュー] に移動し，app.DropDown をクリックした後，コードブラウザーの + のアイコンを押してください）。すると，以下のようなドロップダウンのコールバック関数が作成されているはずです。

```
function DropDownValueChanged(app, event)
```

さて，このドロップダウンでなにをするかを具体的に準備する必要があります。本章で行う作業のうち，二つ目に行うことは以下となります。

---

2. 振幅周波数スペクトルがすでに **UIAxes_2** のグラフ表示領域に表示されている状態で，ドロップダウンに設定した一つの項目を選択すると，そのグラフの横軸が適宜「線形表示」，あるいは「対数表示」となるように設定すること。

  → ドロップダウンのコールバック関数内に，**UIAxes_2** にグラフを再表示するコマンドを書き込むことが必要。

  → つまり，振幅周波数スペクトルを再度グラフ表示するためのデータ変数をドロップダウンのコールバック関数に読み込むことが必要。

ではこの二つ目の作業を行ってアプリケーションを完成へと近づけていきましょう。

13.2.1 ドロップダウンを使うための準備

ドロップダウンを配置して，そのコールバック関数がプログラム内に表示されたことを確認したら，つぎにキャンバスのドロップダウンコンポーネントをクリックしてコンポーネン

トブラウザーを表示しましょう。

　図**13.2**はそのコンポーネントブラウザーですが，"Items" の項目を探して，その横のボックス (Option 1, Option 2, ⋯ と書かれている箇所) をクリックしてみてください。すると，そのボックスが少し拡大し，書き込みが可能な状態になります。そこに，ドロップダウンを実際に押したときに表示されるメニュー項目を書いてください。**図13.3**に一例を示したいと思います。

図**13.2**　ドロップダウンのコンポーネントブラウザー

図**13.3**　ドロップダウンの項目変更画面

　図 13.3 の例では，最初の行に「線形」，改行して「対数」と入力しました。このように 2 行に書いたものがそのままドロップダウンの項目となります。コンポーネントブラウザーの任意の箇所をクリックすると，キャンバス上のドロップダウンのメニュー項目が変わっており，「線形」と表示されているはずです。当然，この項目を変更しても現段階ではなにも起こりませんが，プログラムを実行しドロップダウンをクリックすると，「線形」と「対数」が表示されることが確認できると思います。ついでに，図 13.3 のように "ラベル" 項目も「横軸」と変更しています。ドロップダウン左側の見出しが横軸となっていることを確認してください。

　この後は，ドロップダウンのコールバック関数内にプログラムを追記していくことになりますが，具体的に考えなくてはならないことが以下に示すように二つあります。

検討事項

1. ドロップダウンで選択された項目がなんだったのかをどう判定するのか。
2. ボタンのコールバック関数内で使用した変数は，どうすればドロップダウンのコールバック関数内で使えるのか。

以上の二つを順番にクリアしていきましょう。

13.2.2　ドロップダウンの設定

図 13.3 で準備したドロップダウンの項目のうちの一つが実行中に選択された際に，どちらが選択されたのかという情報（つまり数字）を設定する項目があります。それは図 13.3 にある "ItemsData" という項目になります。ここでは "Items" の項目に「線形」「対数」と設定したときと同様に，"ItemsData" に「1」と「2」を書き加えてください。そうすることで，一つ目の項目（線形）が選ばれた場合，コールバック関数を追加した際に自動的に挿入された 1 行

```
value = app.DropDown.Value;
```

によって，プロパティ app.DropDown.Value で与えられる出力引数 value が 1 となります。同様に，二つ目の項目（対数）が選択されたときは value が 2 となります。この値を使って switch 文で分岐すれば，ドロップダウンの項目を使って場合分けをすることができます。以下にドロップダウンのコールバック関数に switch 文を使って分岐を行う場合のイメージを示します†。

```
1  % Value changed function: DropDown
2  function DropDownValueChanged(app, event)

3      value = app.DropDown.Value;

4      switch value
5      case 1
6          % 線形軸のプロット
7      case 2
8          % 対数軸のプロット
9      end
10 end
```

---

†　この switch 文でエラーが表示される場合は，つぎの 1 行を 3 行目と 4 行目の間に入れてください。
　　`if ischar(value), value = str2double(value); end`

上記のプログラムのコメントの部分に「線形軸のプロット」と「対数軸のプロット」を行う
コマンドを書くことになるわけですが，先の検討事項の 2.「ボタンのコールバック関数内で
使用した変数は，どうすればドロップダウンのコールバック関数内で使えるのか」がここで
重要になります。これは言い換えれば，13.1.2 項のプログラムリストに示した plot コマン
ドはそのままでは実行できないという意味です。つまり

```
plot(app.UIAxes_2,f,A,'k');
```

は実行できません。なぜなら，変数 f も A もボタンのコールバック関数の中で使われた変数
で，ドロップダウンのコールバック関数の中では利用できないからです。

13.2.3 app オブジェクトの再登場

ではどうすればいいのでしょうか？ ボタンのコールバック関数の中で使われた変数をどう
にかして保存して，ドロップダウンのコールバック関数の中で呼び出すしか方法はありませ
ん。そこで使えるのが，12.2.2 項で説明した app オブジェクトです。ドロップダウンのコー
ルバック関数の入力引数にも app があることに気がついたでしょうか？

```
function DropDownValueChanged(app, event)
```

この app はすべてのコンポーネントに対するコールバック関数の入力引数に自動的に設定さ
れています。つまり，この app に必要な変数を保存すれば，すべてのコールバック関数間で
変数のやり取りをすることができます。例えば，上記の plot コマンドで利用しようとした
f や A を，12.2.2 項で fs をプライベートプロパティに記述したときと同様に追加します。

```
properties (Access = private)
    fs % Description
    f
    A
end
```

このようにプライベートプロパティに追加（つまり定義）することで，app オブジェクト内
の各プロパティ（ここでは，fs, f, A）を，各コールバック関数内で呼び出したり，変更し
たりすることが可能になります。

　今回は，変数 fs を含め，f や A は，ボタンのコールバック関数内で計算していますので，
ボタンのコールバック関数内で，f と A の代わりに，app.f と app.A を使えば，ドロップダ
ウンのコールバック関数内でそのプロパティを呼び出すことができます。

　以上を踏まえると，図 12.10 に示した GUI によるアプリケーションができ上がったのでは
ないかと思います。一応，ここまでのボタンとドロップダウンのプログラムをリスト化して
おきます。

★ボタンのコールバック関数内のプログラムリスト

```
1   % Button pushed function: OpenButton
2   function OpenButtonPushed(app, event)

3       [fname, dpath] = uigetfile('*.wav');
4       fpath = strcat([dpath, fname]);
5       [a, app.fs] = audioread(fpath);
6       t = 0 : 1/app.fs : length(a)/app.fs-1/app.fs;

7       plot(app.UIAxes,t,a,'k');
8       title(app.UIAxes,'Time Signal','FontSize',12);
9       xlabel(app.UIAxes,'Time [s]','FontSize',12);
10      ylabel(app.UIAxes,'Amplitude','FontSize',12);
11      grid(app.UIAxes,'on');

12      N = 2^nextpow2(length(a));
13      app.A = abs(fft(a,N));
14      app.f = 0 : app.fs/N : app.fs-app.fs/N;

15      plot(app.UIAxes_2,app.f,app.A,'k');
16      title(app.UIAxes_2,'Amplitude Frequency Spectrum','FontSize',12);
17      xlabel(app.UIAxes_2,'Frequency [Hz]','FontSize',12);
18      ylabel(app.UIAxes_2,'Amplitude','FontSize',12);
19      grid(app.UIAxes_2,'on');
20      xlim(app.UIAxes_2,[20 app.fs/2]);

21  end
```

★ ドロップダウンのコールバック関数内のプログラムリスト

```
1   function DropDownValueChanged(app, event)

2       value = app.DropDown.Value;

3       cla(app.UIAxes_2,'reset');

4       switch value
5       case 1
6           plot(app.UIAxes_2,app.f,app.A,'k');
7       case 2
8           semilogx(app.UIAxes_2,app.f,app.A,'k');
9       end

10      title(app.UIAxes_2,'Amplitude frequency spectrum','FontSize',12);
11      xlabel(app.UIAxes_2,'Frequency [Hz]','FontSize',12);
12      ylabel(app.UIAxes_2,'Amplitude','FontSize',12);
13      grid(app.UIAxes_2,'on');
14      xlim(app.UIAxes_2,[20 app.fs/2]);

15  end
```

ここで，switch 文の 1 行上に cla(app.UIAxes_2,'reset'); というコマンドが書かれているのがわかるかと思います。これは，UIAxes_2 に描かれているグラフの軸をリセットするものです。何度もドロップダウンの項目を選び直した場合に問題が起こらないように設定しています。

　ドロップダウンの項目を何回も選び直しても，きちんと表示されるでしょうか？ 表示されたとすれば，ほぼ完成です。じつはもうあと少し，アプリケーションとして完成度を高める作業が残っています。最後にそれを行って，仕上げます。

13.2.4　アプリケーションの完成度を高めるエラー回避

　アプリケーションの動作自体は，完成したと言っても問題ないでしょう。しかし，もしこのアプリケーションが商品として販売されるとするなら，このアプリケーションは不特定多数のユーザーが利用することになります。そして，ユーザーはときに製作者の想像を超えた使い方をするものです。良いアプリケーションとは，ユーザーにどのような使い方をされても，決して問題を起こさないように工夫されているもの，と言ってもよいでしょう。

　今回作成したアプリケーションでも，あらかじめエラーが起きないよう回避しなければいけないところがあります。例えば，アプリケーションを実行した直後，ボタンを押して ".wav" ファイルを選択する前に，ドロップダウンの項目を変えると，コマンドウィンドウにエラーが表示されると思います。このエラーは，app.fs や app.f，app.A といった plot に必要な変数が，ボタンのコールバックを通過していないために作成されていないことに起因しています。このエラーを回避するためにはどうすればよいでしょうか？ いくつか方法はあると思いますが，ここでは一つの方法を紹介します。

　ドロップダウンを使う前提として，すでに一度 ".wav" ファイルが読み込まれ，二つのグラフ表示領域にグラフが描かれているというものがありました。先に原因を言いましたが，言い方を変えると，ドロップダウンを使う前に一度でも

```
app.f = 0 :  app.fs/N : app.fs-app.fs/N;
```

が実行され，app.f にデータが保存されていればよいということと同じ意味です。したがって，ドロップダウンのコールバック関数の一番最初に，app.f が存在するかどうかの確認をすればよいということになります。じつは，あるオブジェクトの中に指定した変数（プロパティ）が存在するかどうかを確認するのに，打ってつけのコマンドが MATLAB にはあります。それは，isempty というコマンドで，使い方は

```
isempty(app.f)
```

となります。この isempty コマンドの引数には，存在するかどうかを確認したい変数を入

れます。こうすることで，もし確認したい変数が存在すれば（空でなければ），isempty が
0 となり，存在しなければ 1 となります。このコマンドをドロップダウンのコールバック関
数に追記すると，つぎのような形になります。これによって，先ほどから問題視していたエ
ラーは回避されるはずです。実行して確認してみてください。

　ちなみに，ドロップダウンのコールバック関数内のプログラムリスト最終型 18 行目の return
コマンドは，プログラムを最後まで実行せず途中で終了させるコマンドで，ここでは f が app
の中に存在しなかった場合に実行されます。その結果，このコールバック関数をなにもせず
に終了することになります。

　もう一つ回避しなければいけない箇所があります。GUI の実行画面上のボタンを押して，
ファイル選択画面を表示させたときに，ファイルを選択しないで，キャンセルボタンを押す
とエラーが返ってくると思います。これは uigetfile コマンドの出力引数にファイル名が代
入されなかったことに起因しています。uigetfile コマンドはファイルが選択されなかった
ときは "0" を返す仕様になっています。したがって，出力引数の一つである fname が 0 の場
合には，return コマンドを実行してプログラムを途中で終了させ，そうでなければ，選択
されたファイルを読み込み，結果をグラフ表示する形すれば大丈夫です。以下にプログラム
リストの最終型を載せます。

　★ボタンのコールバック関数内のプログラムリスト最終型

```
1  % Button pushed function: OpenButton
2  function OpenButtonPushed(app, event)

3      [fname, dpath] = uigetfile('*.wav');

4      if fname == 0
5          return;
6      else

7          fpath = strcat([dpath, fname]);
8          [a, app.fs] = audioread(fpath);
9          t = 0 : 1/app.fs : length(a)/app.fs - 1/app.fs;

10         plot(app.UIAxes,t,a,'k');
11         title(app.UIAxes,'Time Signal','FontSize',12);
12         xlabel(app.UIAxes,'Time [s]','FontSize',12);
13         ylabel(app.UIAxes,'Amplitude','FontSize',12);
14         grid(app.UIAxes,'on');

15         N = 2^nextpow2(length(a));
16         app.A = abs(fft(a,N));
17         app.f = 0 : app.fs/N : app.fs-app.fs/N;

18         plot(app.UIAxes_2,app.f,app.A,'k');
19         title(app.UIAxes_2,'Amplitude Frequency
```

```
20                     Spectrum','FontSize',12);
21             xlabel(app.UIAxes_2,'Frequency [Hz]','FontSize',12);
22             ylabel(app.UIAxes_2,'Amplitude','FontSize',12);
23             grid(app.UIAxes_2,'on');
24             xlim(app.UIAxes_2,[20 app.fs/2]);
25         end
26 end
```

★ドロップダウンのコールバック関数内のプログラムリスト最終型

```
1  function DropDownValueChanged(app, event)

2      value = app.DropDown.Value;

3      if isempty(app.f) == 0

4          cla(app.UIAxes_2,'reset');

5          switch value
6          case 1
7              plot(app.UIAxes_2,app.f,app.A,'k');
8          case 2
9              semilogx(app.UIAxes_2,app.f,app.A,'k');
10         end

11         title(app.UIAxes_2,'Amplitude Freqency
12                          spectrum','FontSize',12);
13         xlabel(app.UIAxes_2,'Frequency [Hz]','FontSize',12);
14         ylabel(app.UIAxes_2,'Amplitude','FontSize',12);
15         grid(app.UIAxes_2,'on');
16         xlim(app.UIAxes_2,[20 app.fs/2]);

17     else
18         return;
19     end
20 end
```

―― 演 習 問 題 ――

【13.1】 二つのグラフを表示するために GUI 上にグラフコンポーネントである UIAxes と UIAxes_2 を配置した。このとき，ベクトル x の波形を UIAxes に，ベクトル y の波形を UIAxes_2 に表示したい。どのようなプログラムを書けばよいか答えなさい。

【13.2】 nextpow2 とはどのようなコマンドか説明しなさい。

【13.3】 app オブジェクトのプロパティとして A という変数が存在するかどうかを調べ，あれば 0，なければ 1 をコマンドウィンドウに表示するプログラムを作成しなさい。

引用・参考文献

1) A. V. Oppenheim, R. W. Schafer（著），伊達　玄（訳）：ディジタル信号処理（上）（下），コロナ社 (1978)
   → ディジタル信号処理のバイブル本と言えば，だれがなんと言おうと，この本です。

2) J. S. ベンダット，A. G. ピアソル（著），得丸英勝（訳）：ランダムデータの統計的処理，培風館 (1976)
   → 相関関数，スペクトル密度関数など，とてもわかりやすく書かれており，著者が卒論生のころに日々眺めていた本です。

3) 高井信勝：「信号処理」「画像処理」のための MATLAB 入門，工学社 (2000)
   → 本書の執筆の際，唯一参考にした MATLAB 関連の書籍です。

4) 大賀寿郎，金田　豊，山崎芳男：音響システムとディジタル処理，電子情報通信学会 (1995)
   → 音響工学を志そうという学生さんにとって，音響に関わるさまざまな分野を広く示してくれる本。

5) G. ストラング（著），山口昌哉（監訳），井上　昭（訳）：線形代数とその応用，産業図書 (1978)
   → MATLAB を使いこなすうえで必要な線形代数学の基礎から網羅している名著。

6) S. ヘイキン（著），武部　幹（訳）：適応フィルタ入門，現代工学社 (1987)
   → 最小二乗法を基礎に発展した最適化手法が丁寧に記された本。

演習問題解答

★1章

【1.1】 出力引数（変数）を定義していない場合に自動生成される。

【1.2】 clear：MATLAB のワークスペース上の変数をすべて消去するコマンド。
clc：コマンドウィンドウの画面表示をクリアするコマンド。

【1.3】 a = 1.0000 1.5000 2.0000 2.5000 3.0000

【1.4】
```
x*y = 11;
y*x = [3 6; 4 8];
x.*y.' = [3 8];
x.'.*y = [3; 8];
```

【1.5】
```
A(1,2) = 3
A(2,1) = 4
A(2,:) = [4 5]
A(:,2) = [3; 5; 7]
A(:,:) = [2 3; 4 5; 6 7]
```

★2章

【2.1】 if：分岐を開始する際のコマンド。使用例としては，if n > 10 のように if の右に，if 以下を実行するかどうかを決めるための条件式を書く。この例では，n が 10 よりも大きいなら，if 以下が実行される。
```
if n > 10
  ⋮
end
```

else：if で分岐後，if の条件式以外へ分岐するためのコマンド。
```
if n > 10
  ⋮
else
  ⋮
end
```

elseif：if で分岐後，if の条件式とは別の条件を記述する際に用いるコマンド。
```
if n > 10
```

```
        ⋮
elseif n > 5
        ⋮
end
```

【2.2】
```
clear; clc;
A = input('please enter a number.\n');
if A >= 124
  disp('卒業必要単位取得');
elseif A >= 100
  disp('卒論着手必要単位取得');
elseif A >= 62
  disp('3 年進級必要単位取得');
else
  disp('要相談');
end
```

【2.3】
```
clear; clc;
A = input('please enter a number.\n');
if A ~= 0
  disp([' 逆数は' num2str (1/A)' です。']);
else
  disp('逆数は計算できません');
end
```
※ここで，num2str は数値を文字配列に変換するコマンド。

【2.4】 for：for の右に示された変数に応じた回数分ループを行うコマンド。
```
for n = 1:100
        ⋮
end
```

【2.5】
```
clear; clc;
R = 5;
for N = 3:3:99
  disp(N);
  if N/R - fix(N/R) == 0
    disp('5 の倍数です！');
  end
end
```

【2.6】 while：while の右に書かれた条件式を満たす限り，ループを実行するコマンド。
```
while n == 1
```

```
       ⋮
     end
```

【2.7】
```
clear; clc;
a(1) = 1;
a(2) = 1;
n = 0;
while 1
  n = n + 1;
  a(n+2) = a(n+1) + a(n);
  if a(n+2) > 999
    break;
  end
end
```

★ 3 章

【3.1】
```
A*B = [6 4; 12 6];
A.*B = [4 4; 3 0];
```

【3.2】
```
A^2 = [7 2; 3 6];
A.^2 = [1 4; 9 0];
```

【3.3】
```
A(2,2) = 5;
A(2,3) = 6;
A(3,2) = エラー 要素数が足りないため
A(:,1) = [1; 4];
A(:,2) = [2; 5];
A(:,3) = [3; 6];
A(1,:) = [1 2 3];
A(2,:) = [4 5 6];
A(3,:) = エラー 要素数が足りないため
A(:,:) = [1 2 3; 4 5 6];
A(:)  = [1; 4; 2; 5; 3; 6];
```

【3.4】
```
A = [0 0 0; 0 0 0];
B = [1 1; 1 1; 1 1];
```

【3.5】
a を超えない最大の整数を与えるコマンド：floor(a)
a を超える最小の整数を与えるコマンド：ceil(a)
a を四捨五入した整数を与えるコマンド：round(a)

【3.6】　`real(z) = 4;`
　　　　`imag(z) = -3;`
　　　　`abs(z) = 5;`

【3.7】　`2*i`

【3.8】　`1+i`

【3.9】　`log10(0.01) = log10(10^(-2)) = -2*log10(10) = -2`

【3.10】　`X = exp(2*log(3))` → `log(X) = 2*log(3) = log(3)^2` → `X = 3^2 = 9`

【3.11】　`n = 106;`

★ 4 章
【4.1】　**解図 4.1** のようになる。

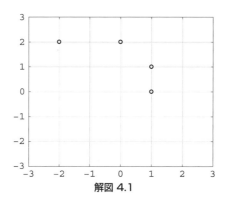

解図 4.1

【4.2】　(A) 色，(B) マーカー，(C) 線種
　　　　r：赤，g：緑，b：青，k：黒
　　　　o：丸印，x：×印，+：プラス記号，*：アスタリスク，s：四角
　　　　-：直線，：：点線，--：破線，-.：一点鎖線

【4.3】　`plot(a,'k--x')`

★ 5 章
【5.1】　`x = 0:0.1:2*pi;`
　　　　`y = cos(x);`
　　　　`z = sin(x);`
　　　　`plot3(x,y,z)`
　　　　`grid`

【5.2】　`x = [0 0.5000 1.0000; 0 0.5000 1.0000; 0 0.5000 1.0000]`
　　　　`y = [0 0 0; 0.5000 0.5000 0.5000; 1.0000 1.0000 1.0000]`

【5.3】
```
[x, y] = meshgrid(-2:0.2:2);
z = x.^2+y.^2;
mesh(x,y,z)
```

★6章

【6.1】 `B = 4;`

【6.2】 `B = [2 4 6 8; 3 5 7 9];`

【6.3】 (A) ファイル名
r：read（読み込み），w：write（書き込み），a：append（ファイルの最後に追加），
t：text(テキストモード)

【6.4】 `fid = fopen('test.txt','rt');`

★7章

【7.1】 (A) サンプリング周波数，(B) Hz

【7.2】
```
max(y) = 1;
min(y) = -2.5000;
```

【7.3】
```
max(y) = 0.4000;
min(y) = -1;
```

【7.4】 この画像は，colormap 付き画像であり，変数 X には直接的に色情報が含まれていないため。
追加するコマンド：colormap(map);

【7.5】 `axis image;`

★8章

【8.1】

(A) $\begin{cases} 1 = a+b \\ 3 = 2a+b \\ 4 = 3a+b \end{cases}$
(B) $\begin{bmatrix} 1 \\ 3 \\ 4 \end{bmatrix} = \begin{bmatrix} 1 & 1 \\ 2 & 1 \\ 3 & 1 \end{bmatrix} \begin{bmatrix} a \\ b \end{bmatrix}$

(C) $\begin{bmatrix} 19 \\ 8 \end{bmatrix} = \begin{bmatrix} 14 & 6 \\ 6 & 3 \end{bmatrix} \begin{bmatrix} a \\ b \end{bmatrix}$
(D) $y = \dfrac{3}{2}x - \dfrac{1}{3}$

【8.2】

(A) $\begin{cases} 1 = a+b \\ 2 = 2a+b \\ 3 = 3a+b \end{cases}$
(B) $\begin{bmatrix} 1 \\ 2 \\ 3 \end{bmatrix} = \begin{bmatrix} 1 & 1 \\ 2 & 1 \\ 3 & 1 \end{bmatrix} \begin{bmatrix} a \\ b \end{bmatrix}$

(C) $\begin{bmatrix} 14 \\ 6 \end{bmatrix} = \begin{bmatrix} 14 & 6 \\ 6 & 3 \end{bmatrix} \begin{bmatrix} a \\ b \end{bmatrix}$　　　(D) $y = x$

【8.3】

$$a = \frac{\displaystyle\sum_{i=1}^{n} x_i y_i}{\displaystyle\sum_{i=1}^{n} {x_i}^2}$$

★ 9 章

【9.1】 `y = 0.5*sin(2*pi*440.*(0:1/44100:1-1/44100));`

【9.2】
```
t = 0:1/44100:1-1/44100;
plot(t,y)
xlabel(' 時間 (秒)');
ylabel(' 振幅');
```

【9.3】 `sign(x)` コマンドは，入力引数 `x` が正の場合は+1，負の場合は −1 を与えるコマンド。引数 `x` がサイン波の場合は，+1 と −1 を交互にとる矩形波を `y` に与える。

【9.4】 ω は角周波数で，単位は〔rad/s〕。
$\omega = 2\pi f$

【9.5】
```
clear; clc;
fs = 8000;
f1 = 440;
f2 = 880;

N1 = 0.1;                    % 0.1 秒間
N2 = 3;                      % 3 秒間
N3 = 6;                      % 6 秒間

t = 0:1/fs:N1-1/fs;
t2 = 0:1/fs:N2-1/fs;
t3 = 0:1/fs:N3-1/fs;

y1 = sin(2*pi*f1*t);
y2 = sin(2*pi*f2*t2);

sp = zeros(1,(1-N1)*fs);     % 0.9 秒間の無音区間

x = 1:2*fs;                  % 2 秒の減衰窓用時間軸
win = -1/(2*fs).*x+1;        % 2 秒の減衰窓
```

```
y2(fs+1:end) = win.*y2(fs+1:end);
                    % 3 秒間の 880Hz のサイン波の最後の 2 秒間に減衰窓を掛けて戻す

y = [y1 sp y1 sp y1 sp y2];
y = 0.9*y;              % 振幅を 0.9 倍し，wav にする際に問題が起きないようにする
plot(t3,y);
```

★ 10 章

【10.1】 fft コマンド。データ点数は，「2 のべき乗」であるとフーリエ変換を高速に演算することができる。

【10.2】
```
clear; clc;
fs = 44100;
N = 4096;
t = 0:1/fs:1-1/fs;
y = 0.5*sin(2*pi*440.*t);
Y = fft(y,N);
Y_abs = abs(Y);
f = 0:fs/N:fs-fs/N;
plot(f,Y_abs)
xlim([0 fs/2])
grid
xlabel('Frequency (Hz)')
```

【10.3】
```
semilogx(f,Y_abs);
```

★ 11 章

【11.1】 正しくない。なぜなら，システムが $y = ax + b$ の場合，システムは直線であるが，非線形であるため。入力が x_1, x_2 とした場合，それぞれに対応する出力は，$y_1 = ax_1 + b$, $y_2 = ax_2 + b$ である。システムが線形であるためには，$x_1 + x_2$ を入力した場合に，出力が $y_1 + y_2$ とならねばならない。しかし，計算すると，$y_1 + y_2 = ax_1 + b + ax_2 + b = a(x_1 + x_2) + 2b$ となり，切片が不一致となる。

【11.2】 (A) $x_1 + x_2$,　(B) $y_1 + y_2$,　(C) $f(x_1) + f(x_2)$

【11.3】 (A) 線　形　$y_1 = 3x_1$
$$y_2 = 3x_2$$
$$y_1 + y_2 = 3x_1 + 3x_2 = 3(x_1 + x_2)$$
(B) 非線形　$y_1 = x_1 + 3$
$$y_2 = x_2 + 3$$
$$y_1 + y_2 = x_1 + 3 + x_2 + 3 = (x_1 + x_2) + 6$$

(C) 非線形　$y_1 = x_1{}^3,\ y_2 = x_2{}^3$

$y_1 + y_2 = x_1{}^3 + x_2{}^3 = (x_1 + x_2)^3 - 3x_1x_2(x_1 + x_2)$

(D) 線　形　$y = \mathrm{e}^{(2+\log(x))} = \mathrm{e}^2\mathrm{e}^{(\log(x))} = \mathrm{e}^2 x$

$y_1 = \mathrm{e}^2 x_1$

$y_2 = \mathrm{e}^2 x_2$

$y_1 + y_2 = \mathrm{e}^2 x_1 + \mathrm{e}^2 x_2 = \mathrm{e}^2(x_1 + x_2)$

(E) 線　形　$y = \log(\cos(x) + i * \sin(x)) = \log(\mathrm{e}^{(i*x)}) = i * x$

$y_1 = i * x_1$

$y_2 = i * x_2$

$y_1 + y_2 = i * x_1 + i * x_2 = i * (x_1 + x_2)$

【11.4】 [2 4 7 1 1 -3]

【11.5】
```
x = randn(20,1);
y = zeros(length(x)-2,1);
for k = 1:length(x)-2
  y(k) = (x(k)+x(k+1)+x(k+2))/3
end
```

★ 12 章

【12.1】 `appdesigner` コマンドで, `application designer` の略

【12.2】 コンポーネントブラウザー

【12.3】 `app.a = 3;`
プライベートプロパティに a を追記する。

【12.4】 `uigetfile` コマンド

★ 13 章

【13.1】
```
plot(app.UIAxes,x);
plot(app.UIAxes_2,y);
```

【13.2】 `nextpow2(n)` の場合, n よりも大きく, 最も n に近い 2 のべき乗の指数を与えるコマンド。

【13.3】
```
if isempty(app.A) == 0
  disp(1);
else
  disp(0);
end
```

索　　　引

—— 著者略歴 ——

奥野　貴俊（おくの　たかとし）
1996 年　工学院大学工学部電子工学科卒業
1998 年　工学院大学大学院工学研究科修士課程修了（情報学専攻）
2003 年　英国シェフィールド大学自動制御システム工学部博士課程修了
　　　　 Ph.D.
2005 年　リオン株式会社勤務
2010 年　英国アルスター大学 Intelligent Systems Research Centre 研究員
2013 年　ソラオト経営
　　　　 現在に至る
2014 年
〜17 年　工学院大学非常勤講師

中島　弘史（なかじま　ひろふみ）
1994 年　工学院大学工学部電子工学科卒業
1996 年　工学院大学大学院工学研究科修士課程修了（情報学専攻）
1996 年　工学院大学大学院工学研究科博士課程中退（情報学専攻）
1996 年　日東紡音響エンジニアリング株式会社勤務（現，日本音響エンジニアリング株式会社）
2006 年　株式会社ホンダ・リサーチ・インスティチュート・ジャパン勤務
2007 年　博士（工学）（工学院大学）
2011 年　工学院大学准教授
2017 年　工学院大学教授
　　　　 現在に至る

MATLAB ではじめるプログラミング教室（改訂版）
Introductory Programming Course with MATLAB (revised edition)
ⓒ Takatoshi Okuno, Hirofumi Nakajima 2017, 2025

2017 年 10 月 5 日　初版第 1 刷発行
2025 年 4 月 15 日　初版第 7 刷発行（改訂版）

検印省略

著　　者　奥　野　貴　俊
　　　　　中　島　弘　史
発 行 者　株式会社　コ ロ ナ 社
　　　　　代 表 者　牛 来 真 也
印 刷 所　三 美 印 刷 株 式 会 社
製 本 所　有限会社　愛 千 製 本 所

112–0011　東京都文京区千石 4–46–10
発 行 所　株式会社　コ ロ ナ 社
CORONA PUBLISHING CO., LTD.
Tokyo Japan
振替 00140–8–14844・電話 (03) 3941–3131 (代)
ホームページ　https://www.coronasha.co.jp

ISBN 978–4–339–02950–5　C3055　Printed in Japan　　　　　（松岡）